Tatjanas Tiergeschichten

Tatjana Geßler

Tatjanas Tiergeschichten

**25 Begegnungen mit
heimischen und exotischen
Tieren in Baden-Württemberg**

Band 2

**Mit einem Vorwort von
Ernst Waldemar Bauer**

Das Buch zur Landesschau-Serie

Silberburg-Verlag

Umschlagfotos: Uhu Susi im Wildparadies Tripsdrill: aufmerksam…
(von Alexander Kluge, SWR; Maske: Katinka Grohe).
Eisbärbaby Wilbär (Wilhelma Stuttgart)
Foto Einbandinnenseite vorne: … und dann zum Abflug bereit
(von Alexander Kluge, SWR)
Foto Einbandinnenseite hinten: Elche im Karlsruher Oberwald
(Alexander Kluge, SWR)
Foto Seite 2: Erdmännchen/Wespen-Begegnung im Heidelberger Zoo
(von Rose von Selasinsky)
Fotos Umschlagrückseite (von oben):
Wickelbär Rusty unter seiner Kuscheldecke (von Alexander Kluge, SWR)
Das Haubenhuhn trägt seinen Namen zu Recht. (von Rose von Selasinsky)
Der Star der Wihelma: Eisbärenbaby Wilbär (Wilhelma Stuttgart)
Fischotter im Wildpark Bad Mergentheim (von Harald Grunwald, Wildpark
Bad Mergentheim)

Die Autorin:
In Heidelberg geboren, wurde Tatjana Geßler die Liebe zum Tier quasi in
die Wiege gelegt, denn schon Vater, Großvater und Urgroßvater waren
Tierärzte. Die begeisterte Reiterin ist mit allerlei Vierbeinern wie Pferden,
Hunden und Katzen aufgewachsen. Bereits während ihres Studiums hat die
Diplom-Wirtschaftsingenieurin als Journalistin bei Zeitung und Radio gear-
beitet. Anschließend war sie drei Jahre Werbetexterin in der renommierten
Stuttgarter Werbeagentur L&K. Seit 1998 ist die TV-Journalistin Filmema-
cherin und Moderatorin beim SWR in Stuttgart. Seit 2001 moderiert sie die
»Landesschau – die Woche«, ist im »Treffpunkt« und diversen Sondersen-
dungen wie »Tour de Ländle« oder »Frühlingsreise« zu sehen. Sie war vier
Jahre mit dem Landesschaumobil unterwegs und hat seit August 2005 innerhalb der Landesschau ihre eigene Serie: »Tatjanas Tiergeschichten«.

1. Auflage 2008

© 2008 by Silberburg-Verlag GmbH,
Schönbuchstraße 48, D-72074 Tübingen.
Alle Rechte vorbehalten.
Umschlaggestaltung: Anette Wenzel, Tübingen,
unter Verwendung einer Fotografie von Alexander Kluge, SWR.
Druck: Gulde-Druck, Tübingen.
Printed in Germany.

ISBN: 978-3-87407-787-3

Besuchen Sie uns im Internet
und entdecken Sie die Vielfalt unseres Verlagsprogramms:
www.silberburg.de

Inhalt

Vorwort

Einen weiten Bogen überspannt Tatjana Geßler mit diesem Buch. Sie erzählt vom Ameisenlöwen, der die Löwen der Serengeti, was die Raffinesse seines Beutefangs angeht, in den Schatten stellt. Da sitzt der »Löwe« in seinem Sandtrichter und wartet! Die Ameise, als fleißiges, umsichtiges Tierlein gelobt, geht ihm

Einer der Braunbären im Wildparadies Stromberg

in die Falle. Der Schützenfisch könnte Wasserwerfer heißen. Er ist, und das weiß Tatjana unterhaltsam zu schildern, noch ein Stück raffinierter, wenn es um den Beutefang geht: Der Fisch beschießt sein Futter mit einem Wasserstrahl, unglaublich zielsicher! Tatjana erfasst das Wesen der Tiere. Ihr Interesse gilt nicht nur dem Lauten und Schönen, sondern auch den Unscheinbaren, Tieren, die meist wenig Beachtung bekommen oder die, wie das Bärtierchen, nur mit dem Mikroskop erfassbar sind. Eine bunte, reichhaltige Palette von Begegnungen mit Tieren, die wir häufig sehen und dennoch kaum kennen, und den anderen, die wir vor dem Haus oder im Wald treffen und deren Intelligenz uns immer aufs Neue staunen lässt.

Fröhliche Texte machen die Begegnung mit der Tierwelt zum besonderen Vergnügen für Jung und Alt. Wie nebenbei wächst die Hochachtung vor der Leistung der Mitbewohner unserer Erde. Fünfundzwanzig wunderbare Kapitel: Wissen und Lesevergnügen.

Ernst Waldemar Bauer

Scheißer, alles klar?!

Vom Beo sagt man, er sei gesprächig. Das ist falsch! Der Beo ist, um es mal vorsichtig auszudrücken, eine fürchterliche Quasselstrippe. Zu allem und jedem muss er ungefragt seinen Senf dazugeben. Hält ein Beo freiwillig seinen Schnabel, schläft er. Oder er ist tot. Sein signal-orangeroter Schnabel, eingebettet in schwarz schimmerndes Gefieder, scheint anzudeuten, wofür der Beo geschaffen wurde: zum Krach machen! Neben ohrenbetäubendem Gekreische und einem recht passablen Gesang kommen aus diesem kleinen Vogel die unglaublichsten Geräusche.

Chico schmeißt sich in Positur und schmettert uns zur Begrüßung ein herzhaftes »Scheißer, alles klar?!« entgegen, bevor er mit seinem sagenhaften Repertoire Bianca Hahns Wohnzimmer in Neckarweihingen akustisch ausschmückt: Erst gibt er das knarzig-rostige Quietschen einer

Nico trinkt gern Apfelsaft.

uralten Fahrradbremse, imitiert den metallisch-hohen Klang eines Computerspiels, brilliert mit einem besorgniserregenden röchelnden Raucherhusten, findet in seiner Darbietung genügend Muße, um uns mit »Schwein, Schwein, Schwein« zu beschimpfen und schließt seinen kleinen Auftritt mit einem respektablen Niesen ab. Geschlagene 10 Sekunden hält er dann inne, legt nachdenklich den Kopf zur Seite, wohl um zu sinnieren, was er als Nächstes zum Besten geben wird.

Mein Kamerateam und ich, mittlerweile taub wie die Türpfosten, wollen erleichtert aufatmen, da dröhnt auch schon Chicos Freund Nico ein lautstarkes »Hallooooo, Halloooooooo??!!« in den Raum.

Weil der nur selten um Worte verlegene Beo selbst den Papagei glatt unter den Busch quatscht, dachte man lange, er sei mit ihm verwandt. Der talentierte Stimmkünstler gehört aber zur nicht minder sprachbegabten Sippe der Stare. »Beo« heißt übrigens auf Indonesisch, wer hätte es geahnt, Plappermaul!

»Kann sich jeder einen Beo halten?«, frage ich Bianca Hahn bereits zum dritten Mal, weil Nico, der es sich auf meiner Schulter bequem gemacht hat, mir ständig ins Wort kräht.

»Nein, das sollte man sich gut überlegen. Beos fordern viel Zuwendung, Pflege und Zeit. Sie brauchen eine geräumige Voliere und wollen täglich ihre Runden fliegen. Na ja,

Tiersteckbrief

Name: Beo.
Wissenschaftlicher Name: Gracula religiosa.
Ordnung: Sperlingsvögel.
Familie: Stare.
Unterarten: Bei uns sind vor allem die drei Unterarten Großer Beo, Kleiner Beo und Mittelbeo bekannt. (Mittelbeo ist der in Deutschland am häufigsten gehaltene Vogel).
Größe: Zwischen 26 und 35 cm.
Heimisch in: Südostasien. Zwischen Vorder-Indien, Sri Lanka und Indonesien bis nach Südchina.
Lebensraum: Tropische Regenwälder.
Anzahl Junge: Zwei bis drei Eier.
Nahrung: Früchte und Insekten.
Tag-/Nachtaktiv: Tagaktiv.
Lebenserwartung: 15 bis 20 Jahre.
Gefährdete Art: Gehören zu den besonders geschützten Arten.

und Sie hören ja selbst, sie sind nicht gerade leise.«

Die vorwitzigen Tierchen stellen die Zuneigung ihres Besitzers aber nicht nur akustisch auf eine harte Probe. Obst, Mehlwürmer, was sich der Weichfresser oben reinstopft, kommt auch weich unten raus. Und das in erschreckenden Mengen. Im Internet erfährt der geneigte Vogelfreund, dass »Ausscheidungstakte von 3 bis 5 Mi-

Beos haben ihren eigenen Kopf.

Chico begutachtet die Arbeit der Maskenbildnerin.

nuten keine Seltenheit sind«. Erschwerend kommt hinzu, dass es dem Beo piepegal ist, wo er gerade was fallen lässt. So viel zu *»Scheißer, alles klar?«*

In seiner ostasiatischen Heimat verzwitschert der Starenvogel die Hitze des Tages in den Dächern der Regenwälder. Bevor er Einzug in die wohltemperierten Wohnstuben der Welt hielt, landete er 1945 erst einmal in europäischen Zoos wie London und Amsterdam. Trotz (oder auch wegen?) seiner Sprachgewalt gelang es ihm aber nie, den beliebten Wellensittich oder Kanarienvogel von der heimischen Stange zu rempeln. Was wohl auch mit an seinem, sagen wir, recht eigenwilligen Wesen liegen mag. Millionen sanftmütiger Hansis und Bubis bewährten sich über Jahrzehnte als zuverlässige Weggefährten, leisteten geduldig ge-

brechlichen Großmüttern Gesellschaft, bedenkenlos konnte man die umkomplizierten Piepmätze selbst Kindern zur Pflege anvertrauen.

Warum man das mit einem Beo besser lassen sollte, macht mir Nico recht unsanft klar. Er beschließt, dass auf meiner Schulter rumzulungern plötzlich sterbenslangweilig ist, und hackt mir mit unerschütterlicher Selbstverständlichkeit eine kleine Schramme in die Wange. Ich sitze wie vom Donner gerührt! Bianca Hahns Warnung, ich solle aufpassen, dass er nicht auch noch meine Augen erwischt, muntert mich ungemein auf. Kaum habe ich mich vom ersten Schrecken erholt, darf ich feststellen, dass der Beo über ein recht sonniges Gemüt verfügt: Nein, Nico drückt nicht etwa wegen seines Vergehens verlegen den Schnabel ins Gefieder. Weit gefehlt! Er macht es sich ganz ungeniert auf meinem Kopf bequem, kommentiert sein Werk mit einem heiseren Lachen, hebt seine Schwanz-

Vorlaut und frech: Chico und Nico

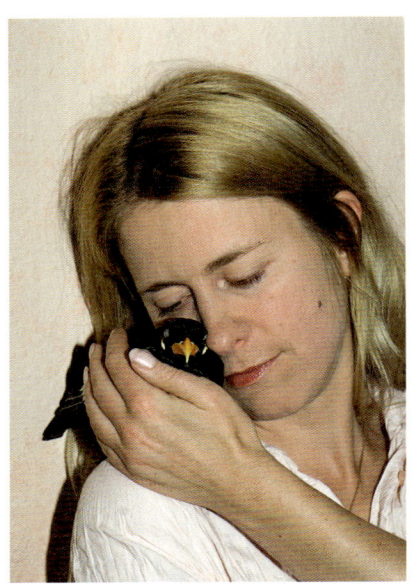
Schmusen mit Besitzerin Bianca Hahn

in den zarten Streicheleinheiten seiner Besitzerin, dass dem Kamera-Team ganz warm ums Herz wird. So unvermittelt Nico mich attackiert hat, so schnell ist mein Groll auf ihn wieder verflogen.

»Chico und Nico sind auf mich fixiert, weil sie mit der Hand aufgezogen wurden«, erklärt mir die Tierfreundin. »Sie folgen mir auf Schritt und Tritt und wenn ich aus dem Haus gehe, rufen sie mir lange hinterher. Komme ich heim, erkennen sie mein Auto schon von Weitem und begrüßen mich mit lautem Geschrei. Wenn ich fernsehe, kuscheln sie sich auf meinen Schoß, dann wird ausgiebig geschmust.«

Beos machen in der freien Natur stets in kleinen Schwärmen die Wälder unsicher, weshalb die geselligen Tiere nicht alleine gehalten werden wollen. Was nicht heißt, dass sie sich mit jedem Vogel automatisch vertragen. Auch da kann ein Beo ziemlich zickig sein. Da sich die Imitationskünstler kaum in Gefangenschaft vermehren und zu den besonders geschützten Arten gehören, sind sie rar. Bis zu 800 Euro muss man für eine kleine Plaudertasche berappen. Ob dann wirklich eine Plaudertasche bei einem einzieht, ist allerdings fraglich. Denn was ein Beo so den ganzen Tag von sich gibt, kann man ihm nicht beibringen. Welche Geräusche und Sätze der Beo nachahmt, muss man ihm bitteschön schon selbst überlassen. Sprich: Wer einen Beo hält, sollte

federn und setzt einen weichen Punkt unter seine Aktion. Danke, Nico!

»So verschmust und lieb Beos auf der einen Seite sind, so unberechenbar und launisch können sie sein«, entschuldigt sich Bianca Hahn, sichtlich betroffen über die Missetat ihres Schützlings. Ich muss gestehen, ich bin leicht verstimmt. Doch dann passiert das Unfassbare. Der ungehobelte Racker, der mir eben noch mit spielerischer Leichtigkeit einen Mini-Schmiss verpasst hat, fliegt zu Bianca Hahn, schmiegt liebevoll seinen kleinen Kopf an ihren Hals, schließt genießerisch die Augen und: SCHMUST! Zärtlich wie ein Kätzchen. Als könnte er kein Wässerchen trüben, schwelgt Nico

sich in den eigenen vier Wänden gewählt ausdrücken. Man weiß schließlich nie, *welche* Worte er sich rauspickt!

Auch wenn ich es nach meinen Erlebnissen kaum glauben mag, soll es hin und wieder aber auch Beos geben, die sagen gar nichts! Halten einfach ihren Schnabel. Ahmen nichts nach. Ihr ganzes Leben lang. Null Komma nichts. Nico schaut mich an, als ob er meinen Zweifel erkennt, legt erneut seinen Kopf schräg, sperrt wie zum Gegenbeweis seinen Schnabel auf und fragt eindringlich: »Scheißer, alles klar?«

Bianca Hahn

Fragen zu Anschaffung, Pflege, Krankheiten etc. beantwortet Bianca Hahn unter: mail@biancahahn.de

Vogelpark Steinen

Gesprächige Beos können Sie unter anderem auch im Vogelpark Steinen bei Lörrach bewundern, einer der Parks im Land, in den auch Hunde Zutritt haben:

Öffnungszeiten
Täglich geöffnet von 15. März bis 2. November. März bis Juni, September, Oktober werktags von 10 bis 17 Uhr. Sonntags, Feiertage, Ferienzeit und in den Monaten Juli und August von 9 bis 18 Uhr. Ende Oktober bis 1. Sonntag im November von 10 bis 17 Uhr bzw. bis Einbruch der Dunkelheit. In dieser Zeit ist der Vogelpark bei Dauerregen geschlossen.

Kontakt
Vogelpark Steinen
79585 Steinen-Hofen
Telefon (0 76 27) 74 20
Internet: www.vogelpark-steinen.de

Allgemeines

Ausführliche Informationen zum Beo finden Sie auch im Internet unter: www.der-beo.de

Beos gehören zu den geschützten Arten und sind laut Bundesartenschutzverordnung bei der jeweils zuständigen Naturschutzbehörde meldepflichtig. Weitere Informationen bekommen Sie beim Bundesamt für Naturschutz.
Internet: www.bfn.de

Angriff der Flugsaurier und Maulwurfspiele

Der Baden-Württemberger an sich und der Schwabe im Besonderen sind ja berühmt für ihr naturgegebenes Understatement. Schwaben können Geparden zähmen, bauen die schönsten Fernsehtürme und die besten Autos der Welt, ziehen eines der niedlichsten Eisbärenkinder Deutschlands groß und machen aus all dem keine große Sache. Anders der Berliner: Kaum war Knut geboren, posaunte er es in die Medienwelt hinaus. Und auch der Franke hat seine Handaufzucht Flocke flugs gewinnbringend ins Rampenlicht geschubst, da ahnte die Welt noch nicht mal etwas von Wilbär.

Wilbär führt ein anstrengendes Bärenleben.

Tiersteckbrief

Name: Eisbär.

Wissenschaftlicher Name: Ursus maritimus.

Ordnung: Raubtiere.

Familie: Bären.

Art: Eisbär.

Größe: Männchen Kopf-Rumpf-Länge 2,40 bis 2,60 m, gelegentlich bis zu 3,40 m; Weibchen Kopf-Rumpf-Länge 1,90 bis 2,10 m, gelegentlich bis zu 2,50 m.

Heimisch in: Rund um den Nordpol (Arktis) leben ca. 20 000 bis 25 000 Eisbären, zwei Drittel davon in Kanada. Außerdem leben Eisbären in Grönland, Alaska, Russland und Spitzbergen.

Lebensraum: Küstennähe, am offenen Wasser.

Anzahl Junge: Eins bis (selten) vier.

Nahrung: Die Allesfresser leben von Robben (Ringel-, Bart-, Sattelrobben), Klappmützen, geschwächten Walrossen. Aber auch von Kleinsäugern wie Erdhörnchen, Lemmingen, Wühlmäusen, Vögeln, Vogeleiern, Fischen, geschwächten Rentieren, selten kleinen Narwalen und Weißwalen, Tang, Seegras, Beeren.

Tag-/Nachtaktiv: Tagaktiv.

Lebenserwartung: In freier Wildbahn 25 bis 30 Jahre, in menschlicher Obhut bis zu 45 Jahre.

Gefährdete Art: Da in früheren Zeiten Eisbären aufgrund ihres Fells von Pelzjägern und Walfängern bejagt wurden, waren sie in den 1930er-Jahren fast ausgerottet. Die Eisbärenjagd ist inzwischen weitgehend verboten, aber durch die verstärkte Förderung von Erdöl und Erdgas in den arktischen Regionen wird ihr Lebensraum eingeschränkt. Außerdem wird befürchtet, dass die Eisbärpopulation durch die globale Erwärmung drastisch zurückgehen wird. Wegen der Eisschmelze im Polarmeer ertrinken viele Eisbären. Die Weltnaturschutzunion (IUCN) führt den Eisbär als gefährdet und rechnet mit einem Rückgang der Bestände.

Dabei gab es den Wilhelma-Eisbärennachwuchs schon, als Flocke das Licht der Welt erblickt hat. Einen Tag früher als das Nürnberger Eisbärenkind wurde Wilbär in Stuttgart geboren: am 10. Dezember 2007. Gut zwei Monate lang war er das bestgehütete Geheimnis des zoologisch-botanischen Gartens.

Nein, bei den Schwaben gibt es keine herzzerreißende »Baby-von-Mama-verstoßen-von-Pfleger-gerettet-Geschichte«, keinen Stoff für eine rührselige Hollywoodgeschichte. Dafür ein Eisbärenjunges, das solide aufwachsen darf, so wie es von der Natur vorgesehen ist: bei seiner

Mutter. In freier Wildbahn zieht die sich zur Geburt in eine Höhle zurück, um in den ersten Lebensmonaten ihres Kindes völlig ungestört zu sein. Absolute Ruhe ist wichtig für die Mutter-Kind-Beziehung, auch damit sie ihren Nachwuchs annimmt.

Fünf Babys hat Corinna bereits geboren, keines hat überlebt. Eines hat sie sogar getötet. Experten vermuten, dass damals ein Feuerwerk die Mutter-Kind-Beziehung gestört hat. So etwas durfte nicht noch einmal passieren. Also schufen die Pfleger ein schallisoliertes Refugium, das niemand betreten durfte. Sogar das Telefon der Pfleger wurde leise gestellt. Keine Besucher, keine Presse, und auch ich musste diesmal draußen bleiben. Und so entwickelte sich der Stolz von Mama Corinna und Papa Anton ungestört und prächtig. Wobei man zugeben muss, dass sich der Stolz von Anton in Grenzen hält. Eisbärenväter werden in den Zoos streng von ihrem Nachwuchs getrennt, schließlich haben sie ihn zum Fressen gern. Wörtlich gemeint.

»Das ist keine Aggression, sondern natürliches Verhalten. Dass Eisbärenväter ihre Kinder fressen, kommt in freier Wildbahn ständig vor, da gibt es keine Vaterliebe«, erklärt mir Revierleiter Jürgen Dei-

Der ganz junge Wilbär
mit seiner Mama Corinna

Wilbär mit Revierleiter
Jürgen Deisenhofer

senhofer, während er dem ausgesperrten Anton Fisch in die Eisbärenanlage wirft und Wilbär mit Mama Corinna im anderen Gehege rumtollt. »Selbst wenn Anton ihn nicht gleich gefressen hätte, mit seinen 600 Kilo hätte er den Kleinen schlicht platt gemacht. Also muss er sich von den beiden fernhalten. Corinna ist, solange sie Klein-Wilbär hat, eh nicht gut auf ihn zu sprechen.«

Bei seiner Geburt war unser schwäbisches Eisbärchen blind, taub und kaum größer als ein Meerschweinchen. Wochenlang gab es nichts anderes als schützendes Dämmerlicht, Corinnas Wärme, Milch und ihr beruhigendes Gebrummel. Nur ein Kameraauge wachte über die kleine Eisbärenfamilie. Und übermittelte uns später wunderbare Bilder: seine ersten tollpatschigen Schrittchen, seine putzigen Umfaller, seinen ersten Fisch, seine erste Badestunde im bär-exklusiven Plantschbecken. Wilbär robbte und tapste sich mit seinen dicken Tatzen, der lackschwarzen Nase, seinem schneeweißen Plüschpelz in unsere Herzen. Er erfand das Maulwurfspiel (dazu tauchte er unter das Stroh und robbte quer durch den Innenstall, um an anderer Stelle wieder aufzutauchen) und bestach Corinna durch permanentes Gequengel.

Jürgen Deisenhofer, einer der wenigen, die in Wilbärs Nähe dürfen, musste sich oft genug die Ohren zuhalten.

»Eisbärenjunge sind wie kleine Kinder«, erklärt mir der Revierleiter, »wenn sie was wollen, schreien sie. Wilbär war von Anfang an ein richtiger Trotzkopf. Wenn ihm irgendwas nicht passte, dann hat er sofort geschrien. Das hörte sich dann an wie ›Angriff der Flugsaurier‹. Wehe, wenn er seinen Dickkopf nicht durchsetzen konnte, wenn er zum Beispiel auf der einen Seite lag, aber eigentlich auf der anderen liegen wollte. Dann hat er sich sofort so lange lautstark

Erste Schwimmversuche unter Aufsicht von Mutter Corinna

beschwert, bis Mutter ihn genervt umgedreht hat. Ab und zu habe ich ihm meinen Finger durchs Gitter gesteckt, anfänglich hat er daran genuckelt, aber es hat nicht lange gedauert, da hat er mit seinen nadelspitzen Zähnen richtig gemein zugebissen. Da war es schnell vorbei mit Finger-durchs-Gitter-stecken. Corinna hat sich auch bald beschwert, ihr hat er immer in die Tatzen gebissen. Und Sie können mir glauben, wenn so ein großer Eisbär zuckt, weiß man, es tut weh.«

Ja, frech und vorlaut war er schon immer, unser kleiner Wilbär, seiner Beliebtheit tut das aber keinen Abbruch. Er bekommt körbeweise Fanpost und jeden Tag drücken sich ganze Kindergartengruppen an der Glasscheibe des Eisbärengeheges die Nasen platt. Aber bei all dem Trubel ist Wilbär bescheiden geblieben. Das hat er von seinem Vater. Als Anton 1989 im Karlsruher Zoo das Licht der Welt erblickte, machten auch die Badener keinen großen Wirbel darum. Presse gab es aber auch damals: eine einzige Kamera vom Südwestfunk.

Die Stuttgarter Wilhelma

Wilbär, Corinna und Anton können Sie auf der Eisbärenanlage der Stuttgarter Wilhelma bewundern.

Öffnungszeiten

Einlass in die Wilhelma zu allen Jahreszeiten täglich ab 8.15 Uhr bis – je nach Jahreszeit – zwischen 16 und 18 Uhr. Der Park muss mit Einbruch der Dunkelheit – spätestens um 20 Uhr – verlassen werden.

Kontakt

Die Wilhelma bietet allgemeine und themenbezogene Führungen. Anfragen und Voranmeldungen bei:

Wilhelma,
Zoologisch-botanischer Garten
Postfach 50 12 27
70342 Stuttgart
Telefon (07 11) 54 02-0
Internet: www.wilhelma.de

Volle Windeln, Schuhplattler und die Sippenfrage

Es ist verflucht schwierig, Tiere nicht zu vermenschlichen. Aber wie Ronja ausgelassen in ihrem Laufstall rumkugelt, mit einer dicken Windel um den kleinen Hintern, wie sie sich glucksend an den Gitterstäben hochzieht und mir ihre Baby-Ärmchen um den Hals legt, da lassen sich Ähnlichkeiten einfach nicht leugnen: Wie ein übermütiges Kleinkind tobt das entzückende Schimpansenmädchen durch das Haus der Hudelmaiers im Schwaben Park in Kaisersbach.

Mir ist schleierhaft, wie sich der Mensch über Jahrhunderte so in die Tasche lügen konnte. Aber wie so oft musste erst die Wissenschaft den Beweis erbringen: Fast 99 Prozent unserer DNA stimmen mit der des Schimpansen überein. Schimpansen sind näher mit uns verwandt als alle anderen lebenden Tiere, und immer wieder verblüffen sie mit menschenähnlichem

Auf dem Weg zur Schimpansen-Show

Täglich gibt es mehrere Shows im Schwaben Park.

Verhalten. Während sich gewöhnliche Lemuren damit begnügen, in den Bäumen rumzuhängen und sich wohlzufühlen, sind Schimpansen wissbegierig und interessieren sich für alles Mögliche. Zum Beispiel für Zweige. Damit können sie prima nach Sachen buddeln, in Sachen herumstochern oder auf Sachen herumhauen. Kein Tier benutzt so viele verschiedene Werkzeuge wie der Schimpanse. Mit Stöcken und Steinen verteidigt er sich gegen Angreifer, jagt er oder schlägt Früchte von den Bäumen. Sind seine Werkzeuge unbrauchbar geworden, versucht er sie zu verbessern oder zu reparieren. Verstopfte Ohren reinigt sich der Menschenaffe mit dem Kiel einer Vogelfeder, leidet er an Schnupfen, stopft er sich Gras in die Nase und schnäuzt es heraus: Grünzeug als Taschentuch.

Immer wieder werden Schimpansen in freier Wildbahn beobachtet, die Wunden mit antibiotischen Moospolstern desinfizieren, die bestimmte

Tiersteckbrief

Name: Gemeiner Schimpanse.
Wissenschaftlicher Name: Pan troglodytes.
Ordnung: Primaten.
Familie: Menschenaffen.
Gattung: Schimpansen.
Größe: Männchen bis zu 120 cm; Weibchen bis zu 113 cm.
Heimisch in: Ausschließlich Zentral- und Westafrika.
Lebensraum: Regenwald, Baumsavannen, Grasland und Bergland bis zu 3000 Metern Höhe.
Anzahl Junge: Eins. Sehr selten Zwillinge.
Nahrung: Früchte, Nüsse, Blätter, Blüten, Samen, Insekten, kleine Säugetiere wie Fledermäuse oder kleine Primaten, sogar Paviane.
Tag-/Nachtaktiv: Tagaktiv.
Lebenserwartung: In freier Wildbahn bis zu 40, in menschlicher Obhut über 50 Jahre. Cheeta aus den Tarzan-Filmen feierte 2007 seinen 75. Geburtstag.
Gefährdete Art: Von der Weltnaturschutzunion (IUCN) als stark gefährdet gelistet.

Kräuter gegen Darmparasiten oder andere Wehwehchen fressen. Weder der Werkzeuggebrauch noch die Selbstmedikation sind instinktive Tätigkeiten. Jüngere Tiere prägen sich diese Fähigkeiten durch das Beobach-

ten erfahrener Artgenossen ein. Wissenschaftler brachten Schimpansen sogar Gebärdensprache, Zählen und Addieren bei. Forscher der Universität von Ohio lehrten Ende der 80er-Jahre der Schimpansin Sheba die Zahlen Eins bis Acht. Zeigte man ihr sechs Fruchtgummis, tippte sie auf die Zahl Sechs. Sie konnte sogar addieren! Präsentierte man ihr zwei Körbe mit Orangen, die an verschiedenen Stellen im Raum standen – in dem einen befanden sich zwei, in dem anderen drei – tippte sie auf die Fünf. Kein Wunder gehört der Schimpanse zu den beliebtesten Menschenaffenarten. Schimpanse Judy aus der Fernsehserie »Daktari«, Cheeta aus der Filmserie »Tarzan«, die Schimpansen Ham und Enos, die von der NASA in den Weltraum geschossen wurden ... Die Liste berühmter Schimpansen ist lang.

Wegen seiner großen Gelehrigkeit setzen ihn auch die Hudelmaiers in ihren Tiershows ein. Hier im Vergnügungspark Schwaben Park in Kaisersbach leben 42 Schimpansen und zeigen zweimal täglich ihr Können. Zu Winnetou-Musik springt Anton auf Pony Max in der Schwaben-Park-Arena über Hindernisse. Die haarigen Artisten schlagen Saltos und tanzen Schuhplattler, es gibt wilde Verfolgungsjagden auf Dreirad, Roller und Motorrad. Ronja ist dafür noch zu

Irgendetwas passt Ronja nicht ...

klein. Weil ihre Mama nichts von ihr wissen wollte, wird sie im Haus der Hudelmaiers großgezogen.

»Woher wissen Sie, wie man ein Schimpansenbaby aufzieht?«, möchte ich von Silvia Hudelmaier wissen.

»Ich habe bereits 21 Affenbabys mit der Flasche aufgepäppelt und dabei viel Erfahrung gewonnen, aber im Prinzip habe ich nicht viel anders gemacht als bei meinem Sohn.«

»Kann man die Aufzucht wirklich vom Menschen aufs Affenkind übertragen?«, frage ich. »Ein Schimpanse bekommt ja wohl keine Kinderkrankheiten?« »Allerdings«, wendet die Pflegemutter ein, »Schimpansenbabys bekommen wie Kinder Masern,

Das Schimpansenmädchen albert gerne herum.

Jeder Schimpanse hat eigene Talente.

Windpocken und Röteln, sie zahnen und nachts schreien sie, wenn ihnen etwas fehlt.«

Und wie jeder andere Dreikäsehoch hat Ronja mehrmals täglich die Windeln voll.

»In den ersten Wochen war sie zu winzig für Babysachen, da mussten wir sie in Puppensachen stecken, jetzt mit fast einem Jahr trägt sie natürlich Kleinkindkleidung«, erklärt Silvia Hudelmaier, während wir Ronja die Windel wechseln. Sie legt mir das frisch gewickelte Bündel in die Arme, und ich darf dem hungrigen Zwerg das Fläschchen geben. Babymilch. Die Kleine schmatzt mit großem Appetit und sieht zum Fressen niedlich aus. Selbst Kameramann Christoph Lüpkemann, der von der Welt nun wirklich einiges gesehen hat, wirkt ein bisschen verliebt. »Steht dir gut«, zwinkert er mir grinsend zu. In Nullkommanix wächst einem so ein entzückender Hosenscheißer ans Herz. Bei allem Spaß und aller Liebe, für das Energiebündel heißt es

aber in wenigen Tagen vom häuslichen Zusammenleben mit den Hudelmaiers Abschied nehmen.

Mit knapp einem Jahr ist der Wirbelwind kaum noch zu bändigen, jede Sekunde muss man ihn im Auge behalten, sonst stellt er die ganze Bude auf den Kopf. Ein Wohnzimmer ist schließlich kein Urwald. Also wird die kleine Herzensbrecherin bald den Laufstall mit dem Gehege tauschen und bei ihren 41 Artgenossen einziehen.

»Wenn sie zwei Jahre alt ist, beginnen wir mit dem Training. Zuerst kommt sie in den Kindergarten, anschließend in die Grundschule«, erklärt die Vergnügungsparkbesitzerin. »Wir fangen spielerisch mit einfachen Übungen an und steigern sie langsam. Mein Mann und ich merken schnell, an welchen Kunststücken die Tiere Freude haben und an welchen weniger. Der eine liebt es, Motorrad zu fahren, der andere will auf Stelzen laufen. Auf die Vorlieben und Talente unserer Zöglinge gehen wir gezielt ein. Wenn sie zu etwas keine Lust haben, kann man sie nicht zwingen. Ihre Sache würden sie dann nicht gut machen. Wie bei allen Schulkindern gibt es auch unter den Schimpansen klügeren und nicht so cleveren Nachwuchs. Auch das müssen wir berücksichtigen.«

Motorrad fahren, Salto schlagen, tanzen – welche Talente Ronja wohl hat? Im Moment ist ihr das herzlich egal. Sie beginnt rumzuquengeln und will schlafen. Also legen wir sie in ihr Gitterbettchen und decken sie behutsam zu. Ihre Schimpansenlider werden schwer und sie nickt ein. Ihr Anblick, wie sie selig vor sich hinträumt, bringt mich auf einmal ganz durcheinander. Vielleicht weil mir aufgeht, dass ich eben auch nur ein Affe bin, der ein Schimpansenbaby anstarrt.

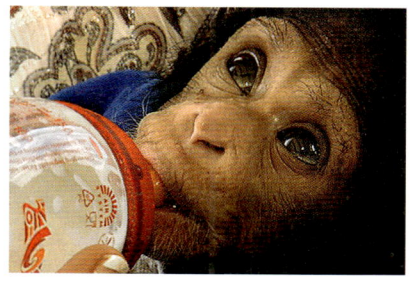

Da war Ronja noch ganz klein.

Schwaben Park

Wer Ronja und ihre Sippe erleben möchte, kann das in der einzigen Schimpansenshow Europas im Schwaben Park. Die Vorführung findet mehrmals täglich statt.

Öffnungszeiten
15. März bis 2. November täglich von 9 bis 18 Uhr. Einlass bis 16.30 Uhr.

Kontakt
Schwaben Park
Hofwiesen 11
73667 Kaisersbach-Gmeinweiler
Telefon (0 71 82) 9 36 10-0
Internet: www.schwabenpark.de

Leintalzoo

Die größte zusammenhängende Schimpansengruppe Deutschlands (35 Schimpansen) finden Sie im Leintalzoo bei Schwaigern. Auch hier gibt es immer wieder Handaufzuchten. Täglich um 15 Uhr ist Fütterung der Schimpansen, um 15.30 Uhr können Sie den Schimpansennachwuchs aus nächster Nähe bewundern.

Öffnungszeiten
Einlass ist während der Sommerzeit von 10 bis 18 Uhr, während der Winterzeit von 10 bis 16 Uhr. Spätestens bei Sonnenuntergang muss der Zoo verlassen werden, im Sommer um 20 Uhr.

Kontakt
Leintalzoo
Freudenmühle 1
74193 Schwaigern
Telefon (0 71 38) 52 25
Internet:
www.tierpark-schwaigern.de

Steinchen schleuderndes Monster mit Trichtertrick

Ich schätze, viele von uns haben ihn noch nie zu Gesicht bekommen. Dabei wohnt der merkwürdige Nachbar in unseren Gärten, an Hausmauern, ja manchmal sogar in Blumenkästen auf unseren Terrassen. Schon sein Name ist seltsam und ein Widerspruch an sich: Ameisenlöwe. Was hat ein winzig kleines Insekt mit einer großen, kraftvollen Raubkatze zu tun? Was bitte ist ein Ameisenlöwe?

Um Licht ins Dunkel zu bringen, fahren wir mit Wolfgang Schnabel vom Naturschutzbund Schorndorf auf »Löwen-Safari« in den Urbacher Wald im Rems-Murr-Kreis. An einem abgelegenen Forsthaus machen wir Halt. Sonnenblumen recken ihre schweren Köpfe über den Gartenzaun, als wollten sie sehen, wer in die Einsamkeit zu Besuch kommt. An der sonnenbeschienenen Seite des Hauses bückt sich der Na-

Libellengleich: die schöne Ameisenjungfer

Tiersteckbrief

Name: Gemeiner Ameisenlöwe, gemeine Ameisenjungfer. Als Ameisenlöwen werden die Larven der Ameisenjungfern bezeichnet, die mit mehr als 2000 Arten die größte Familie der Echten Netzflügler bilden.

Wissenschaftlicher Name: Myrmeleon formicarius.

Klasse: Insekten.

Ordnung: Netzflügler.

Familie: Ameisenjungfern.

Größe: Körperlänge der Larve etwa 1,5 cm. Europäische Ameisenjungfern bis zu 50 mm, Flügellänge von 20 bis 60 mm.

Heimisch in: Alle Kontinente. Vor allem Afrika und Asien, teilweise auch Südamerika. In Europa 41 Ameisenjungfernarten, vorzugsweise im Mittelmeerraum. In Mitteleuropa 12 Arten.

Lebensraum: Warme, trockene Gebiete. Einige Larven leben im Boden zwischen Pflanzen, in lichten, trockenen Wäldern, andere im Sandboden (z. B. in sandigen Nadelwäldern, Dünen und Sandbänken von Flüssen). Nicht alle Arten bauen Trichter zum Beutefang.

Anzahl Junge: Über die Eiablage ist wenig bekannt, die Anzahl abgelegter Eier pro Weibchen dürfte sehr niedrig sein.

Nahrung: Beutetiere der Ameisenlöwen sind Asseln, Spinnen, Milben, Tausendfüßler, Nacktschnecken, Regenwürmer, keineswegs nur Ameisen.

Tag-/Nachtaktiv: Der Ameisenlöwe ist tagaktiv. Das erwachsene Insekt, die Ameisenjungfer, ist dämmerungs- und nachtaktiv.

Lebenserwartung: Die Larven der mitteleuropäischen Arten haben meistens einen zweijährigen Lebenszyklus. Die Lebensdauer der erwachsenen Insekten liegt zwischen zwei und vier Wochen.

Gefährdete Art: In Deutschland sind sie nach der Bundesartenschutzverordnung gesetzlich geschützt. Ameisenlöwen/Ameisenjungfern sind durch Lebensraumverlust bedroht.

---

bu-Experte und deutet auf einen handtuchbreiten Sandstreifen.

»Hier in diesen selbstgegrabenen Kratern lebt eine Kolonie. Unter dem Dachvorsprung, wo der Sand immer trocken und körnig bleibt, haben die Tiere optimale Jagdbedingungen«, weiß Wolfgang Schnabel.

Hier soll er sich also tummeln, der obskure Löwe. Sehen kann ich keinen einzigen. Dafür zahllose aneinandergereihte kleine Sandkuhlen, eine Art Mini-Mondlandschaft. Ein Tropfenmuster wie nach einem ordentlichen Platzregen. Angestrengt starre ich auf die teelöffelgroßen Trichter.

Eine Ameise eilt plötzlich über den Sand. Völlig unvermittelt, dass uns der Atem stockt, spielt sich in dieser sommersonnenlichtgebadeten Idylle ein hässliches Drama ab. Der unvorsichtige Krabbler gerät an einen Trichterrand, verliert den Halt und wird von den herabrieselnden Sandkörnchen in die Tiefe gerissen. Und dann geschieht etwas, das keiner aus unserem Kamerateam je gesehen hat: Blitzartig schießen sichelförmig gebogene, mit Greifdornen versehene Kieferzangen aus der Mitte des Trichters

und greifen nach dem fliehenden Insekt. Schlagartig wird mir klar, was es mit den Sandbauwerken auf sich hat: Es sind raffinierte Todesfallen!

In ihnen lauert der heimtückische Ameisenlöwe, gut getarnt und tief versteckt im Sand, auf ahnungsloses Getier. Im Moment erkenne ich zwar nur seine spitz bezahnten Zangen, aber ich weiß jetzt schon, dass er mir nicht gerade sympathisch ist. Was dann passiert, ist jedenfalls nichts für schwache Nerven: Verzweifelt versucht die Ameise den Fangzangen zu entkommen, gleitet aber immer wieder an den abrutschenden Körnchen des Steilhanges ab. Sandtrichter als Fanggruben: Was für

Nicht gerade eine Schönheit

Nach zwei Jahren verpuppen sich Ameisenlöwen in Kokons.

Die borstigen Kieferzangen des Ameisenlöwen sind giftig.

eine geniale Idee. Sein Bauwerk hat der garstige Geselle schlau ausgetüftelt: Unter den panisch rudernden Ameisenbeinchen rutscht der lockere Sand unbarmherzig ab.

Und dann glaube ich meinen Augen nicht zu trauen! Um sein Opfer endgültig ins Innere seines Fangtrichters zu bugsieren, bombardiert es der trickreiche Räuber mit Sand! Ein Insekt, das mit Steinchen um sich wirft! Was sich die Natur alles einfallen lässt! Um seine Schleuder-Zangen besser in Position zu bringen, verlässt der Wegelagerer für einen Moment seine Lauerfestung. Zu Tage tritt ein etwa zwei Zentimeter kleines, borstiges Etwas. Mit roboterhaften ruckartigen Rückwärtsbewegungen schiebt sich ein käferähnlicher plumper Körper durch den Sand. Alles an dem unappetitlichen kleinen Kerl erscheint mir sonderbar.

Dann der finale Steinwurf: Die Ameise rutscht in die Höhle des Lö-

wen. Direkt in die hochgiftigen, borstigen Kieferzangen des Räubers. Blitzschnell schlägt er sie in sein hilflos zappelndes Opfer. Das Schicksal der Ameise ist besiegelt, sie versinkt mit ihrem Häscher in der sandigen Unterwelt.

»Jetzt spritzt er ein giftiges Verdauungssekret in die Ameise. Es zersetzt ihr Inneres und verdaut sie vor. Dann saugt er den Nahrungsbrei auf«, erklärt Wolfgang Schnabel. »Weil die Ameise vorverdaut wird, setzt der Ameisenlöwe in seinem ganzen Leben keinen Kot ab. Hat er sein Opfer ausgesaugt, schleudert er die leere Hülle aus seinem Trichter, den er penibel sauber hält. Haben Sie die vielen Borsten an seinem Körper gesehen? Die geben ihm im Sand Halt und mit seinem Beutefang-Werkzeug erledigt er selbst stark gepanzerte, wehrhafte Insekten. Daher stammt vermutlich sein Name ›Löwe‹ — weil er so unglaublich stark ist. Genau weiß man das aber nicht.«

Ein tüchtiger Bauherr ist das Nuckelmonster allemal. Wird sein Trichter durch Wind oder Regen zerstört, wartet er auf besseres Wetter und baut ihn innerhalb einer Viertelstunde wieder neu. Dabei bewegt er sich spiralförmig rückwärts in immer kleiner werdenden Kreisen und wirft mit seinen kräftigen Zangen Sand aus dem Rund. So gräbt er sich immer tiefer und wartet am Boden des Trichters unbeweglich auf Krabbeltiere. Auch wenn es sein Name vermuten lässt, verputzt er längst nicht nur Ameisen. Auf seinem Speiseplan stehen auch Asseln, Spinnen und Tausendfüßler, selbst Nacktschnecken und Regenwürmer zieht er mit seinen gespenstischen Zangen ins Verderben. Der Fallensteller ist fast blind, aber seine empfindlichen Sinneshaare registrieren bereits aus der Ferne, ob sich ein potenzielles Opfer seinem Krater nähert.

Zwei Jahre lauert der Ameisenlöwe im Sand. Kommt lange nichts zum Aussaugen vorbei, kein Problem: Verblüffende acht Monate kommt das Sandmonster ohne jegliche Nahrung aus. Sein erschreckendes Äußeres und seine fiese Fangmethode inspirierten übrigens zahlreiche Filmemacher. Nach seinem Vorbild schufen sie Monster für Kino-Klassiker wie »Star Wars« oder »Enemy Mine«.

Wolfgang Schnabel erklärt, dass sich nach zwei Jahren Trichterleben der Ameisenlöwe auf wundersame Weise verwandelt! In den Sand eingegraben spinnt er einen Kokon aus feiner Seide, gespickt mit Sandkörnchen. Darin ver-

In jeder Sandkuhle lauert ein Jäger.

puppt er sich. Drei Wochen später passiert das Atemberaubende: Aus der schaurigen Larve Ameisenlöwe wird ein libellengleiches, anmutiges Geschöpf: die Ameisenjungfer. Ein zartes Wesen mit durchsichtig schimmernden Flügeln. Es gehört zu den Netzflüglern und erinnert an eine Libelle, flattert allerdings recht unbeholfen durch die Gegend und bewältigt nur kurze Flugstrecken.

Da fristet dieser haarig-hässliche Insektenmeuchler *zwei Jahre* seines Lebens freudlos unter Tage, verwandelt sich in eine hübsche fliegende Jungfer, darf endlich aus seiner staubig-grauen Sandgrube steigen, um keine *vier Wochen* später dahingerafft zu werden. Die Natur kann grausam sein! In ihrer eh schon kurz bemessenen Lebenszeit muss die nachtaktive Jägerin auch noch allerlei erledigen: sich den Bauch mit Schmetterlingen, Blattläusen, Blütenpollen und Nektar vollschlagen und einen Partner finden. Zwischen Mai und September schwirrt der Netzflügler mit den auffällig großen Komplexaugen hierfür durch die Nacht. Nach der Paarung legt die Nachtlibelle schließlich Eier. Dorthin, wo sie einst selbst im Sand auf Nahrung gelauert hat. Und für die nächste Löwengeneration beginnt eine neue Jagdsaison.

Nabu
Baden-Württemberg

Mit ein bisschen Glück finden Sie Ameisenlöwen an sonnigen Stellen, in trockener, sandiger Erde. Meist an Hauswänden oder anderen regengeschützten Orten. Die kleinen Trichter verraten den Jäger. Wer seine Ameisenlöwenbegegnung nicht dem Zufall überlassen möchte, wende sich an den Nabu. Der Naturschutzbund bietet regelmäßig Insekten-Führungen an.

Kontakt

Nabu Baden-Württemberg
Tübinger Straße 15
70178 Stuttgart
Telefon (07 11) 9 66 72-0
Internet: www.nabu-stuttgart.de

Führungen in anderen Teilen des Landes können Sie auch in den jeweiligen Ortsgruppen erfragen. Die Ortsgruppe in Ihrer Nähe können Sie über das Internet ermitteln:
www.nabu.de

Muffel, Halswamme und andere Merkwürdigkeiten

Schönheit, das wusste schon Shakespeare, liegt im Auge des Betrachters. Das gilt auch oder besonders für Äußerlichkeiten im Tierreich. Nehmen wir zum Beispiel das Erdmännchen. Sein Anblick versetzt normalerweise selbst nüchterne Krämerseelen vor Entzücken in mädchenhafte Kreischlaune. Nicht aber meinen guten Freund Steffen. Er findet Erd-

männchen einfach nur abstoßend. Für ihn sind die possierlichen Pelzgesichter mit ihren übertrieben langen Wimpern nichts anderes als tuntig aufgebrezelte Ratten.

Solche Geschmackskriege toben auch um den Elch. Die alten Römer urteilten, er sehe aus wie eine zu groß geratene Ziege. Steffen, der auch hierzu seine spezielle Meinung vertritt, spricht von einer ausgemergelten Kuh auf Stelzen, und der deutsche Naturwissenschaftler Kurt Floericke schilderte ihn 1920 mit folgenden, auch nicht gerade schmeichelhaften Worten: »*Der plumpe Pferdeschädel mit der ungeheuerlichen Ramsnase, die kleinen, tückisch blinzelnden Schweinsaugen, die schlotternde, weichledrige Oberlippe, (...) die hässliche Halswamme mit dem langen Bart, (...) der giraffenartig steil abfallende Hinterrist, die hohen Stelzenläufe und das winzige Stummelschwänzchen – dies alles vereinigt sich zu einem Bild, das vorsintflutlich, fremdartig und reckenhaft anmutet (...), aber doch nicht eigentlich schön genannt werden kann.*« Damals hatte man einen recht ungeschminkten Blick auf die Dinge.

Noch recht staksig: Elchbaby Wodan

Ich empfinde die großen Hirsche, die hier im Karlsruher Oberwald ihr ausladendes Maul durch den Zaun recken, um mir genüsslich das Laub aus der Hand zu rupfen, alles andere als hässlich! Höchst beeindruckend, geradezu majestätisch durchschreiten die langbeinigen Riesen das weitläufige Gelände. Allein ihre ungeheure Größe fasziniert. Zugegeben, an den Proportionen könnte die Evolution noch ein bisschen feilen, aber was ein wenig eckig daherkommt, ist überraschend wendig. Mit erstaunlichen 56 Stundenkilometern können die bis zu 850 Kilo schweren Kolosse durch den Wald fegen.

Auf das eindrucksvolle Stück Skandinavien mitten im Karlsruher Oberwald ist Dr. Gisela von Hegel, Direktorin des Karlsruher Zoos, stolz. Denn wo findet man bei uns im Land schon Elche? Nur hier in der Dependance des Zoologischen Stadtgartens im Tierpark Oberwald. Und im Wildpark Pforzheim. In freier Wildbahn treibt sich die größte Hirschart der Welt in Teilen Europas, in Asien oder Nordamerika rum. Dabei ist *Alces alces,* so sein wissenschaftlicher Name, doch auch einer von uns, ein Baden-Württemberger. Wir können uns das heute kaum noch vorstellen, aber der nordische Hirsch hat bis zum Mittelalter in unseren Wäldern gehaust. Ohne Zaun. Um daran zu erinnern, wurde das Maskottchen der SWR3-Hörfunk-Kollegen 2007 zum Wildtier des Jahres ernannt.

Tiersteckbrief

Name: Elch.
Wissenschaftlicher Name: *Alces alces.*
Ordnung: Paarhufer.
Familie: Hirsche.
Art: Elch.
Größe: Kopf-Rumpf-Länge bis 3 m, maximale Schulterhöhe 2,30 m.
Heimisch in: Europa, Nordamerika, Asien.
Lebensraum: Wälder, Taigagebiete, See- und Sumpflandschaften.
Anzahl Junge: Meist eins, gelegentlich auch Zwillinge.
Nahrung: Gräser, Zweige, Blätter, Laubgehölz, Triebe, Wasserpflanzen, (z. B. Seerosen).
Tag-/Nachtaktiv: Tagaktiv.
Lebenserwartung: In Menschenobhut bis zu 20 Jahre, in freier Wildbahn etwa 15 Jahre.
Gefährdet: In Europa und Nordamerika leben je etwa eine Million Elche, die Art gilt als nicht bedroht. Bis zum Mittelalter lebten Elche auch in Baden-Württemberg, wurden hier aber ausgerottet. Über Polen wandern Elche heute gelegentlich nach Deutschland ein.

Kameramann Axel Stosch muss improvisieren, um die majestätischen Riesen in Szene zu setzen. Samt Ausrüstung steigt er auf das Dach unseres Kleinbusses und beginnt mit den

Dreharbeiten, denn wir dürfen nicht ins Gehege. Schuld daran ist Wodan, der jüngste Elch-Nachwuchs. Oder besser gesagt seine Mama.

»Von ihrem liebenswerten, etwas unbeholfenen Äußeren dürfen Sie sich nicht täuschen lassen«, warnt Gisela von Hegel. »Die Elchkuh verteidigt ihr Kalb erbittert gegen jeden, der in seine Nähe kommt. Ganz gleich, ob Artgenosse oder Mensch. Elche sind eigentlich friedlich. Wittern sie uns in freier Wildbahn, suchen sie das Weite. Aber einer Elchkuh mit Kalb sollte man nie zu nahe kommen. Das Gefährliche am Elch sind seine Hufe. Die sind steinhart und messerscharf,

ein einziger Tritt kann Schädel spalten!«

Schlagartig bedauert keiner mehr, dass wir die Tiere nur durch den Zaun füttern dürfen. Wodans Mama angelt mit ihrer gigantischen, samtigen Oberlippe nach einem Blatt.

»Das ist die so genannte Muffel«, erklärt die Direktorin das kuriose Körperteil. Früher dachte man, dass Elche wegen ihrer ausgeprägten Oberlippe nur rückwärts grasen können, weil sie sonst über ihre Muffel stolpern. Das ist natürlich Unsinn, aber eine hübsche Geschichte. Genauso wie die von den vermeintlichen Jagdmethoden der Germanen. Unsere Vorfahren sollen

Der Elch: der größte Hirsch der Welt!

nämlich geglaubt haben, Elche könnten sich wegen ihrer Größe nicht zum Schlafen hinlegen und müssten sich an Bäume lehnen. Also sägten sie diese angeblich an, die Bäume fielen samt Elchen um und Letztere konnten überwältigt werden.

Auch heute noch wird der Elch wegen seines Fleisches gejagt. Dass man ihn in nur zwei Wildparks im Land bewundern kann, hat aber andere Gründe: Der heikle Pflegling braucht enorm viel Auslauf und Unmengen Laub. Am Tag vertilgt er bis zu 15 Kilo. In freier Wildbahn verbringt der Wiederkäuer auf der Suche nach Wasserpflanzen viele Stunden im Wasser. Der ausdauernde Schwimmer fühlt sich sogar im Meer wohl und das Erstaunlichste ist: Der ungelenk wirkende Riese taucht nach zarten Wasserpflanzen! Angeblich bis zu sechs Meter tief. Dabei kann er mehrere Minuten unter Wasser bleiben, indem er seine Nasenlöcher verschließt.

»Warum ist der Elch bei uns ausgestorben?«, möchte ich von der Zoodirektorin wissen.

»Der Elch braucht Mischwald, unsere Wälder wurden aber weitgehend in Monokulturen umgewandelt, die Flüsse wurden in Bahnen gelenkt, es gab keine Auenlandschaften mehr, wo er Wasserpflanzen grasen konnte, also hat er sich in Richtung Norden zurückgezogen.«

Mittlerweile sind die Umweltbedingungen aber wieder besser gewor-

Die samtige Oberlippe heißt Muffel.

den und auf der Suche nach neuen Lebensräumen kehrt der Elch nach Deutschland zurück. Vom hohen Norden zieht der ausdauernde Wanderer nach Mitteleuropa in den Böhmerwald. Der zweite Rückweg nach Westen beginnt in der Mitte Polens und führt nach Ostdeutschland bis fast an die Ostsee. In den unzerschnittenen, wasserreichen Gebieten des Ostens fühlt er sich wohl und auch in Bayern taucht er plötzlich wieder auf.

Dass er auch den Weg zurück nach Baden-Württemberg findet, hält Gisela von Hegel aber für eher unwahrscheinlich. Wie schade! Die Vorstellung, dass dieses imposante und ungewöhnliche Tier wieder durch unsere Wälder streift, begeistert mich. Wenn wir uns erst an das Bild gewöhnt hätten, würde ihn auch bestimmt keiner mehr hässlich finden. Wie heißt es doch schließlich in Robert Gernhardts Sinnspruch: Die größten Kritiker der Elche waren früher selber welche.

Zoo Karlsruhe

Der Zoologische Stadtgarten im Karlsruher Zentrum beherbergt rund 800 exotische Tiere wie Elefanten, Flusspferde, Giraffen, Antilopen, Zebras, Strauße, Groß- und Kleinkatzen, Pinguine, Seelöwen, Seehunde, Schimpansen und andere Affenarten. Die Eisbärenanlage gilt als Hauptattraktion. Viele Vogelarten wie Pelikane, Kraniche und Pfauen leben frei im Parkgelände.

In der Dependance des Zoos – im Tierpark Oberwald – leben seltene Huftierarten in weiträumigen Großgehegen. Der Eintritt in dieses Naherholungsgebiet, das vom Zoo aus in wenigen Minuten erreicht werden kann, ist frei. Führungen für Schulklassen und andere Gruppen im Tierpark Oberwald können mit der Zooschule vereinbart werden.

Öffnungszeiten

Die Kasse ist Dezember und Januar von 9 bis 16 Uhr, Februar und März 9 bis 17 Uhr, April 9 bis 17.30 Uhr, Mai bis September 8 bis 18 Uhr, 1. bis 15. Oktober 9 bis 17.30 Uhr, 16. Oktober bis 2. November 9 bis 17 Uhr, 3. bis 30. November 9 bis 16 Uhr geöffnet. Spätestens bei Einbruch der Dunkelheit muss der Zoo verlassen werden.

Der Tierpark Oberwald ist immer geöffnet.

Kontakt

Zoo Karlsruhe
Ettlinger Straße 6
76137 Karlsruhe
Telefon (07 21) 1 33 68 15
(Kassenauskünfte)
Telefon (07 21) 1 33 68 01
(Führungen)
Internet: www.karlsruhe.de/zoo

Wildpark Pforzheim

Auch im Wildpark Pforzheim sind hierzulande Elche zu sehen.

Öffnungszeiten

Ganzjährig rund um die Uhr geöffnet. Der Streichelzoo und der Kinderbauernhof werden gegen 18 Uhr geschlossen.

Kontakt

Wildpark Pforzheim
Schoferweg 106
75175 Pforzheim
Telefon (0 72 31) 39 33 28
Internet: www.stadt-pforzheim.de

Naseweise Schwarznase

Schafe, höhnt der Volksmund, sind einfach gestrickt. Wer den ganzen Tag stoisch vor sich hinkaut und dabei auch noch etwas belämmert aus der Wolle schaut, muss dämlich sein. Feige sowieso! Das dachte auch der bekannte Zoologe Dr. Alfred Brehm (1829–1884), Autor des zoologischen Standardwerks »Brehms Tierleben«: *»Seine Furchtsamkeit ist lächerlich, seine Feigheit erbärmlich. Jedes unbekannte Geräusch macht die Herde stutzig, Blitz und Donner und Sturm und Unwetter überhaupt bringen sie gänzlich aus der Fassung.«*

Mit solchen aus heutiger Sicht nicht sehr wissenschaftlichen Erkenntnissen hat der Verfasser des berühmten Tierlexikons den armen Wiederkäuer ganz schön in Verruf gebracht. Zu Unrecht. Heute lobt man die freundlichen Herdentiere für ihr ausgeprägtes Sozialverhalten, für ihre Fähigkeit, sich veränderten Umwelt-

Die Lämmer werden im Winter geboren.

bedingungen anzupassen, und, ja, auch für ihre Intelligenz. Wissenschaftler fanden heraus, dass die unterschätzten Paarhufer ähnliche Hirnstrukturen wie wir Menschen besitzen.

Und wer nun trotzdem noch meint, Schafe seien feige und ängstlich, hat noch nie Bekanntschaft mit dem Walliser Schwarznasenschaf gemacht – das erstaunlichste und hübscheste Schaf, das Gott je erschaffen

Zum Verlieben: plüschige Schwarznase

hat! Wenn man es zum ersten Mal sieht, möchte man in spontanen Applaus ausbrechen, so gelungen ist es. Zu weißer Wolle trägt es schneckenförmige Hörner, schwarze Söckchen, schwarze Sprunggelenke, schwarze Knie, schwarze Ohren und, der Name sagt's, eine schwarze Nase. Die steckt das furchtlose Wolltier forsch in alles hinein, was in das Streichelgehege des Heidelberger Zoos kommt. In diesem Fall in Taschen und Jacken des SWR-Teams.

Kaum hat Kameramann Walter Tost den ersten Fuß ins Gehege gesetzt, wird er von den neugierigen Schwarzstrümpfen mit hartnäckiger Anhänglichkeit umlagert. Ein kleiner Wildfang im Schafspelz schleckt ihm begeistert über das Objektiv, während ein anderer versonnen am Tonkabel kaut. Nein, einen erschrockenen Eindruck machen die urwüchsigen Schwarznasen nun wirklich nicht.

»Sind sie auch nicht«, lacht Tierpfleger Bernd Kowalsky, während er erfolglos versucht, unserem Kameramann schaffreie Sicht zu verschaffen. »Walliser Schwarznasenschafe haben einen ausgeglichenen, gutmütigen Charakter und sind, wie unschwer zu erkennen ist, neugierig und anhänglich. Ihrem Schäfer und ihren Weideplätzen halten sie stets die Treue. Diese Standorttreue ist im Wallis, wo sie hauptsächlich gehalten werden, wichtig. In den unwegsamen Bergen ist es nützlich, wenn die Tiere nicht ständig überwacht wer-

Tiersteckbrief

Name: Hausschaf (Walliser Schwarznasenschaf).

Wissenschaftlicher Name: Ovis orientalis aries.

Familie: Hornträger.

Unterart: Hausschaf.

Größe: Widerristhöhe Widder 75 bis 83 cm, Aue 72 bis 78 cm.

Heimisch in: Gezüchtete Hausschafe sind fast überall auf der Welt verbreitet.

Lebensraum: Steppen, Heideflächen, Hochebenen. Schafe kommen in fast jedem Lebensraum zurecht. Man findet sie sogar in tropischen Ländern.

Anzahl Junge: Eins, häufig auch Zwillinge.

Nahrung: Gras, Kräuter, Flechten.

Tag-/Nachtaktiv: Tagaktiv.

Lebenserwartung: 12, maximal 20 Jahre.

Gefährdete Art: Viele früher in Europa weit verbreitete Schafrassen wie das Walliser Schwarznasenschaf sind heute vom Aussterben bedroht, da sie als Nutztiere vergleichsweise geringe Erträge erzielen.

den müssen und auf das Rufen ihres Schäfers sofort reagieren.«

Dort glänzt die robuste Schwarznase mit weiteren guten Eigenschaften: Unter Nutztieren gilt sie als ge-

Schwarznasenschafe sind gutmütig und unerschrocken.

Ein puscheliger Paarhufer aus der Schweiz

ländegängigster Rasenmäher. Wo Kühe sich längst die Haxen verrenken, laufen die schwarz-weißen Wollelieferanten zu Höchstform auf. Leichtfüßig kraxeln sie über steilste Felsen und steinigste Weiden. Das raue Gebirgsklima lässt die puscheligen Paarhufer kalt, und die guten Futterverwerter kann man selbst mit den kargsten Hälmchen abspeisen.

Aber was nützt ein genügsames Schaf, das spielerisch entlegenste Schweizer Berggipfel erklimmt, wenn es bei jedem zarten Gebirgslüftchen vor Schreck in die Schlucht kleckert? Solche Angsthasen kann man in den nach ziemlich vielen Seiten hin steil abfallenden Alpen nicht brauchen! Also hat der Schweizer ein Schaf gezüchtet, das auch in schwindelerregenden Höhen und an senkrecht abfallenden Felsspalten Nerven behält. Eine sanfte Rasse, die trittsicher die Bergwelt erobert und die Sommermonate zufrieden in luftigen Höhen ver-

mampft. Bei all seinen Qualitäten wundere ich mich, dass man bei uns im Land Schwarznasenschafe kaum kennt, geschweige denn sieht.

»Zwischenzeitlich war das Schwarznasenschaf fast ausgestorben«, erklärt Bernd Kowalsky. »Es liefert wenig Fleisch, also hat man es früher wegen seiner dichten Wolle gehalten. Aber künstliche Fasern und Baumwolle haben die Schafswolle vom Markt verdrängt. Die Schweizer besinnen sich wieder auf die einheimische Rasse, vor allem als Landschaftspfleger. Einige Züchter halten sie ohne kommerzielles Interesse und bleiben ihr nur aus Freude an ihrer Schönheit treu. Auf regelmäßigen Schwarznasen-Ausstellungen werden bei ›Schafs-Miss-Wahlen‹ die Schönsten der Schönen gekürt.«

Sechs zottelige Zwergrasenmäher, keine sechs Wochen alt, drängeln sich an mich, stupsen mir ihre schwarzen Näschen ins Gesicht, blöken und wollen gekrault werden. Ich frage Bernd

Kowalsky, warum die flauschigen Kerlchen ausgerechnet mitten im kalten Winter das Licht der Welt erblicken.

»Man hat sie asaisonal gezüchtet, damit die Schäfchen im Winter im warmen Stall unter der Obhut des Schäfers geboren werden und damit es zu Ostern Lämmer gibt.«

Ihrem steinerweichenden Stofftierlämmchen-Charme kann sich keiner aus dem Team entziehen, und so kommt die Frage auf, ob man die Kleinen nicht mitnehmen und daheim in den Garten stellen könnte.

»Kann man«, erwidert der Tierpfleger, »für etwa 150 Euro bekommen Sie ein Mutterschaf, aber die Herdentiere sollten nie alleine gehalten werden. Als Einsteigerschaf sind Schwarznasen denkbar ungeeignet, weil sie sehr pflegeintensiv und anfällig für Parasiten sind. Zweimal im Jahr müssen sie geschoren werden. Außerdem können Sie in Deutschland auch nicht einfach ein Schaf halten, da gibt es Gesetze. Sie brauchen eine Genehmigung, und Sie müssen Ihr Schaf bei der Veterinär-Behörde registrieren lassen. Falls irgendwo eine Seuche ausbricht, kann sie gezielt bekämpft werden.«

Wem die Haltung der flauschigen Herzensbrecher zu kompliziert ist, kommt einfach in den Heidelberger Zoo zum Schmusen. Dort kann er sich von den niedlichen Wolltieren um die kleine schwarze Klaue wickeln lassen und feststellen, dass »dumme, ängstliche Schafe« vor allem eines sind: Schwarz-weiß-Denken.

Zoo Heidelberg

Schwarznasenschafe können Sie im Zoo Heidelberg im Streichelgehege zusammen mit Ziegen hautnah erleben und jederzeit mit speziellem Futter füttern.

Öffnungszeiten
Der Heidelberger Zoo ist täglich geöffnet. März 9 bis 18 Uhr, April bis September 9 bis 19 Uhr, Oktober 9 bis 18 Uhr, November bis Februar 9 bis 17 Uhr. Letzter Einlass eine halbe Stunde vor Schließung.

Kontakt
Zoo Heidelberg
Tiergartenstraße 3
69120 Heidelberg
Telefon (0 62 21) 64 55-0
Internet: www.zoo-heidelberg.de

Kongo, Knut und kurze Hälse

Eines der schüchternsten Wesen des Tierreichs ist das Okapi. Okapi? Fragen Sie sich jetzt vielleicht, was bitte ist das? Einige haben noch nie von ihm gehört, und weil es so verdammt distanziert ist, wird es selbst in der Stuttgarter Wilhelma gerne übersehen! Sich plump lärmend in den Vordergrund zu drängen ist ihm ein Gräuel. Furchtsam blickt es mich aus seinen dunklen, sanften Augen an. In seiner vornehmen Zurückhaltung wirkt es geradezu zerbrechlich. Das Okapi ist kein Knut, kein blitzlichtgewitter-verwöhnter Medienstar, der sich in der oberflächlichen Zuwendung der Zoobesucher suhlt. Kein Tier, das sich anbiedernd vor Kameras in Positur schmeißt.

Die Okapi-Zunge ist über 30 Zentimeter lang.

Waldgiraffen-Hinterteil im Zebra-Look

Nein, das Okapi ist ängstlich. So scheu, dass es Jahrhunderte im Herzen Afrikas heimlich durchs Unterholz getrabt ist, ohne dass man Notiz von ihm genommen hätte. Erst Anfang des 20. Jahrhunderts hat der weiße Mann diesen letzten lebenden Verwandten der Giraffe im Regenwald entdeckt. Bis dahin hatte die scheue Schönheit arglos an allerlei Büschen geknabbert und im Kongo gelegentlich mit den ortsansässigen Pygmäen Fangen gespielt. Zunächst gab es nur nebulöse Berichte der Einheimischen über eine unbekannte, pferdegroße Tierart. Nach langem Rätselraten wurden Fellstücke aufgetrieben, die Sir Harry Johnston (daher das nette »johnstoni« im wissenschaftlichen Namen) an die Zoologische Gesellschaft in London schickte. Die ordnete das Okapi erst mal der Gattung Pferd zu. Schädelfunde belegten 1901 jedoch die Verwandtschaft mit der Giraffe. Dass ein Großsäugetier, noch dazu eines mit solch eigenwilligem Aussehen, der westlichen Welt so lange verborgen blieb, ist eine der größten zoologischen Sensationen überhaupt. Selbst nach Bekanntmachung der neuen Tierart dauerte es lange, bis ein Okapi in die Falle ging. Erst 1919 gelangte es in den ersten europäischen Zoo nach Antwerpen. Nach Deutschland kam das scheue Tier rund 30 Jahre später. Heute findet man in europäischen Zoos nicht mal 50 Tiere.

Tiersteckbrief

Name: Okapi.
Wissenschaftlicher Name: Okapia johnstoni.
Ordnung: Paarhufer.
Unterordnung: Wiederkäuer.
Familie: Giraffenartige.
Art: Okapi.
Größe: Kopf-Rumpf-Länge 2 m, Schulterhöhe 1,60 m.
Heimisch in: Nur in der Demokratischen Republik Kongo.
Lebensraum: Regenwald mit dichtem Unterholz, Lichtungen und Wasserläufen.
Anzahl Junge: Eins.
Nahrung: Blätter, Knospen, Wolfsmilchgewächse, Gräser, Pilze, Farne, Früchte.
Tag-/Nachtaktiv: Tagaktiv.
Lebenserwartung: Im Zoo etwa 33 Jahre, frei lebend 20 Jahre.
Gefährdete Art: Auf der Roten Liste gefährdeter Arten der Weltnaturschutzunion (IUCN).

Wie viele Waldgiraffen noch in freier Wildbahn, in einer vom Bürgerkrieg zerrütteten Region leben, vermag keiner zu schätzen. Kein Wunder ist die Stuttgarter Wilhelma auf ihre sieben wunderschönen Okapis und ihre regelmäßigen Zuchterfolge stolz. Der jüngste, Okapi-Kind Kabinda, sieht aus wie ein wandelndes Plüschtier. Aber auch von Papa

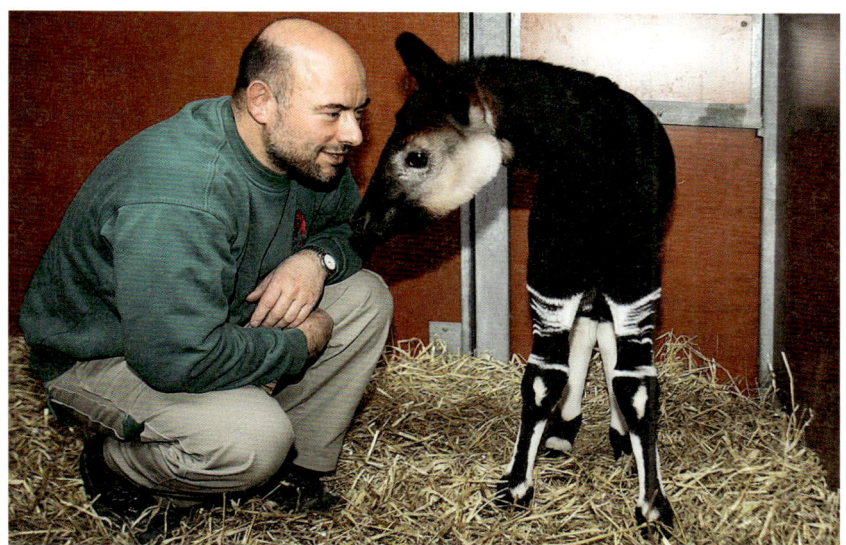
Okapi-Babys haben keinen Eigengeruch.

Vitu bin ich absolut hingerissen. Auch wenn ich einräumen muss, dass die anmutige Kurzhalsgiraffe ein bisschen aussieht, als hätte man sie aus den Einzelteilen anderer Tiere zusammengesetzt: den Hintern vom Zebra (schwarz-weiß gestreift), den Kopf von der Giraffe (kleine »Hörnchen«, so genannte Knochenzapfen bei den Männchen), die Ohren vom Wüstenfuchs (riesige Lauscher) und die Statur vom Pferd (etwa die gleiche Größe). Vitus samtiges schokoladenbraunes Fell schimmert in der Sonne rötlich, fühlt sich an wie Omas Samtsofa und hinter-

Pfleger Gerd Lorenz in der »Okapiwäsche«

lässt auf meinen Fingern eine dunkle Fettschicht. Kaum habe ich dem Paarhufer vorsichtig den Hals getätschelt, fängt er beleidigt an die »Verunreinigung« fein säuberlich wegzuputzen.

»Okapis sind reinlich wie Kätzchen«, amüsiert sich Kuratorin Dr. Ulrike Rademacher. »Jedes Staubkörnchen, jeder Wassertropfen wird sofort akribisch weggeleckt. Mit seiner über 30 Zentimeter langen Zunge erreicht Vitu hoch hängende Blätter und reinigt sich damit sogar die Augen. Klarer Vorteil für uns: Benötigen die Tiere unbeliebte Medikamente, nehmen sie diese restlos auf, wenn wir sie ihnen ins Fell schmieren. Die Arznei wird sofort bis auf den letzten Tropfen abgeschleckt.«

Die Zuchterfolge der Wilhelma sind beeindruckend.

Bei Pfleger Gerd Lorenz sind die reinlichen Tiere noch aus anderen Gründen beliebt, er erklärt warum:

»In den ersten Lebenswochen der Kleinen müssen wir nicht mal die Box reinigen. Die Babys können die Milch der Mutter am Anfang komplett verwerten, das heißt, sie geben keinen Kot ab! So haben sie keinen Eigengeruch und können von Feinden in freier Wildbahn nicht aufgespürt werden.«

Eigentlich schade, dass diese »Fabelwesen« so wenig Beachtung finden. Wenn Sie das nächste Mal die Stuttgarter Wilhelma besuchen: Gegenüber von den Dickhäutern liegt das Giraffenhaus. Schauen Sie doch mal rein.

Die Stuttgarter Wilhelma

Die Stuttgarter Wilhelma besitzt die meisten Okapis in Europa.

Öffnungszeiten
Einlass in die Wilhelma zu allen Jahreszeiten täglich ab 8.15 Uhr bis – je nach Jahreszeit – zwischen 16 und 18 Uhr. Der Park muss mit Einbruch der Dunkelheit – spätestens um 20 Uhr – verlassen werden.

Kontakt
Die Wilhelma bietet allgemeine und themenbezogene Führungen. Anfragen und Voranmeldungen bei:

Wilhelma,
Zoologisch-botanischer Garten
Postfach 50 12 27
70342 Stuttgart
Telefon (07 11) 54 02-0
Internet: www.wilhelma.de

Schmatzen, Zähneklappern und Baby-Politik

Runzeliges rosafarbenes Gesicht, kurze Schnauze und ein Fell, das man mit viel Wohlwollen bestenfalls als unscheinbar bezeichnen kann. Nein, aufsehenerregend schön ist er nicht, der Berberaffe. Das einzig Auffallende an ihm ist etwas, das er nicht hat: sein fehlender Schwanz. Die Gefahr, sich in ihn zu verlieben, ist dennoch groß. Wenn der quirlige kleine Kerl mit unüberhörbarem Gegröle durch den Wald des Salemer Affenbergs flitzt, in rasantem Tempo schwindelerregend hohe Bäume rauf und runter tobt und spielerisch elegant in den Ästen schaukelt, hat er bereits alle Herzen in der Tasche. Dabei kommt seine Paradenummer erst noch: betont lässig auf den kniehohen Holzstangen am Wegesrand rumlümmeln, den Besucher eindringlich aus steinerweichend unschuldigen Augen mustern, um ihn dann ganz behutsam um sein ungesüßtes Popcorn zu erleichtern. Seine Rechte angelt mir die Leckerei geradezu zärtlich aus der Hand, während die Linke mein Handgelenk mit festem Griff umklammert. Vorsichtshalber. Damit ich nicht auf die dumme Idee komme, Hand samt Futter wieder wegzuziehen. Bei so viel charmanter Gerissenheit wird mir ganz warm ums Herz.

Seit 1976 dürfen Tierfreunde die rund 200 Salemer Makaken in natürlicher Umgebung hautnah erleben, sie mit gratis verteiltem Popcorn füttern und ihr Verhalten beobachten. Ohne trennende Gitter und Gräben. Bedingungen, die auch Verhaltensforscher

In Salem gewinnt man neue Freunde.

47

zu schätzen wissen. Viele Erkenntnisse über das ungewöhnliche Sozialverhalten der Berberaffen wurden hier auf dem 20 Hektar großen Gelände des Affenbergs in Salem gewonnen. Ergebnisse, die nicht nur Experten staunen lassen, denn der Affe aus dem Land der Berber ist nicht nur im Popcorn-Ergattern erfinderisch. Er weiß sich auch innerhalb der eigenen Truppe durchzusetzen. Dort sind die Berberaffenkinder die absoluten Stars. Sie wachsen außerordentlich behütet auf und ihre Mütter überschütten sie mit wahrer Affenliebe. Erstaunlich ist, dass sich auch die Männchen rührend um die Winzlinge im schwarzen Ba-

byfrack kümmern. Sie pflegen, tragen, hüten, trösten sie und spielen liebevoll mit ihnen. Denn Mama hat das verdammt schlau eingefädelt. Sie bandelt einfach recht großzügig mit der Männerwelt an! Es könnte somit jeder der Papa sein und so kümmern sich alle potenziellen Väter gemeinsam um den Nachwuchs!

Auch Tanten, Geschwister und Nachbarn finden die niedlichen Babys unwiderstehlich. Jeder möchte eins halten und mit ihm kuscheln. Doch Mama lässt nicht jeden ran. Nur wer sich geschickt einschmeichelt, kommt ans Ziel. Erst gegen kleine Gefälligkeiten wie Fellpflege

Um den niedlichen Nachwuchs kümmern sich alle.

Tiersteckbrief

Name: Berberaffe, auch Magot.
Wissenschaftlicher Name:
Macaca sylvanus.
Ordnung: Primaten.
Familie: Meerkatzenverwandte.
Gattung: Makaken.
Art: Berberaffe.
Größe: Kopf-Rumpf-Länge 50 bis
75 cm; Schulterhöhe 40 bis 50 cm.
Heimisch in: Marokko und Algerien.
Auch die berühmten Berberaffen
von Gibraltar stammen ursprüng-
lich aus Nordafrika.
Lebensraum: Wald-, Busch- und Fels-
regionen in Höhen zwischen 600
und 2200 Metern.
Anzahl Junge: Eins, selten Zwillinge.
Nahrung: Vorwiegend vegetarisch
(Früchte, Blätter, Kräuter, Knospen,
Gräser und Wurzeln), aber auch eine
Vielzahl von Kleintieren (Kerbtiere).
Tag-/Nachtaktiv: Tagaktiv.
Lebenserwartung: Weibchen im
Durchschnitt 23 Jahre, Männchen
21 Jahre. In Gefangenschaft bis zu
30 Jahre.
Gefährdete Art: Bedrohte Tierart.
Neuere Schätzungen gehen von
7000 bis 10 000 Tieren aus. Die Po-
pulationen in Marokko und Algerien sind rückläufig. Da Berberaffen
vom Aussterben bedroht sind, stellen die Tiere vom Affenberg Salem
einen wertvollen Reserve-Bestand
dar. So konnte 1986 eine ganze Ber-
beraffen-Gruppe aus Salem erfolg-
reich in Nordafrika ausgesiedelt
werden.

rückt Muttern den Nachwuchs raus,
lausen wird zur sozialen Dienstleis-
tung. Wer einen Knirps ergattert hat,
schmatzt und klappert erst mal laut
mit den Zähnen.

»Das hört sich erschreckend an
und sieht bedrohlich aus«, erklärt mir
Dr. Roland Hilgartner, der Chef des
Salemer Affenbergs, »das Zähneklappern drückt aber die freundliche Absicht der Berberaffen aus. Schmatzen
und Zähneklappern ist ein deutliches
Zeichen von Zuneigung.«

Nicht nur die Weibchen haben ihre Tricks, auch die Berberaffenmänn-

Tonmann Heiner Scholz knüpft
zarte Bande.

chen sind durchtrieben. Sie borgen sich die Kleinen immer wieder gerne für geschäftliche Angelegenheiten. Einem süßen, hilflosen Fratz tut keiner etwas zu Leide, auch nicht dem, der ihn gerade in den Armen hält. Karrierewillige nutzen das frech aus.

»Vor allem die jungen, rangniederen Männchen, die sich in der Hierarchie hocharbeiten wollen, leihen sich Babys aus und setzen sie für ihre Zwecke ein. Sie nähern sich einem hochrangigen Männchen, halten das Baby wie einen Schutzschild vor sich und bauen damit den sozialen Kontakt auf. Dabei wird wieder mit den Zähnen geklap-

pert. So eine Dreierzeremonie nennt man Triade. Dieses Verhalten ist im Tierreich einmalig. Bei keinem anderen Tier oder Affen hat man Derartiges beobachten oder dokumentieren können«, erklärt mir der Biologe.

Der Säugling hält also sozusagen als »emotionaler Blitzableiter« her. Er baut Aggressionen des Überlegenen und Ängste des Unterlegenen ab und vermeidet auf diese Weise kräftezehrenden Streit und blutige Kämpfe. Gemeinsam untersuchen die beiden Männchen das »vermittelnde« Kind von Kopf bis Fuß, danach scheint das Eis gebrochen. Nun können sie fried-

Die Triade gibt es nur bei den Berberaffen.

lich beieinandersitzen und Beziehungen knüpfen.

Bis sich der Säugling vom sozialen Spielball zum ausgewachsenen Berberaffen mausert, bis er die Machenschaften der Erwachsenenwelt versteht und selbst mit der Baby-Nummer an der eigenen Karriere bastelt, wird es zwei, drei Jahre dauern. Mag sein, dass uns der Baby-Trick ein wenig hinterhältig erscheint, aber er ist nicht die schlechteste Konfliktlösungs-Strategie. Wie sagte einst Cicero: »Ein ungerechter Friede ist immer noch besser als der gerechteste Krieg.« Sollte uns zu denken geben, wenn das selbst die Affen wissen.

Auf dem Affenberg leben rund 200 Makaken.

Affenberg Salem

Der Affenberg Salem ist Deutschlands größtes Affenfreigehege. Über 200 Berberaffen tummeln sich hier auf einem 20 Hektar großen Waldgebiet. Der Besucher ist mittendrin und erlebt die Tiere hautnah ohne Gräben wie in freier Wildbahn. Die Tiere dürfen mit speziell zubereitetem Popcorn gefüttert werden, was den direkten Kontakt zwischen Mensch und Tier ermöglicht. Mindestens acht Mal am Tag gibt es Schaufütterungen und fachkundige Erläuterungen zu den Tieren. Auch entlang des Rundweges erhalten die Besucher von geschulten Mitarbeitern Erklärungen zu den Berberaffen.

Öffnungszeiten
Vom 15. März bis mindestens 1. November täglich von 9 bis 18 Uhr. Letzter Einlass eine halbe Stunde vor Schließung.

Kontakt
Affenberg Salem
88682 Salem
Telefon (0 75 53) 3 81
Internet: www.affenberg-salem.de

Rodelnde Raubtiere und die Reißverschlussmasche

Es ist Winter, es ist bitterkalt und der kleine idyllische See im Wildtierpark Bad Mergentheim ruht träge unter einer dicken Eisschicht. Plötzlich raschelt es im Gebüsch. Mit kurzen flinken Schrittchen flitzen drei Fischotter aus dem angrenzenden Wald, rodeln begeistert den verschneiten Abhang hinab, kugeln durch den pulvrigen Schnee, nehmen mit ihren kurzen Beinchen ordentlich Anlauf, um mit Karacho auf ihren kleinen Bäuchen über das Eis zu schlittern. Wenn Tiere spielen, Kätzchen zum Beispiel Blätter jagen, dann trainieren sie Fähigkeiten, die sie im täglichen Überlebenskampf brauchen. Ich wage zu bezweifeln, dass das »Abhang-Runterrodeln« oder das »Mit-dem-Bauch-über-den-See-Rutschen« zu diesen lebensnotwendigen Eignungen gehören. Trotzdem tun es die Fischotter. Wieder und wieder. Aus reinem Spaß an der Freude. Es ist mir unmöglich, ihrem

Fischotter sind in vielen Teilen Deutschlands leider ausgestorben.

Neben Fischen fressen die Raubtiere auch Frösche und Insekten.

Tiersteckbrief

Name: Fischotter.
Wissenschaftlicher Name: Lutra lutra.
Ordnung: Raubtiere.
Familie: Marder.
Art: Fischotter.
Größe: Kopf-Rumpf-Länge 55 bis 95 cm.
Heimisch in: Europa, Asien, Nordafrika.
Lebensraum: Bevorzugt an Ufern von Flüssen, Bächen, Seen und Teichen, aber auch an Mooren, Sümpfen und Meeresküsten.
Anzahl Junge: Eins bis drei.
Nahrung: Fische, Insekten, Lurche, Wasservögel, Kleinsäuger, Krebse, Mollusken.
Tag-/Nachtaktiv: Dämmerungs- und nachtaktiv.
Lebenserwartung: In Gefangenschaft bis zu 20 Jahre, in freier Wildbahn bis zu 13 Jahre.
Gefährdete Art: Steht seit 1968 unter Schutz. Gehört durch Wasserverschmutzung und Gewässerbegradigung zu den am stärksten vom Aussterben bedrohten Säugetierarten Mitteleuropas.

quirligen Charme zu widerstehen. Putzige runde Öhrchen, treuherziger Blick aus dunklen Knopfaugen und eine schwarze Knubbelnase: Der verspielte Räuber ist einfach liebenswert.

Genutzt hat es ihm nichts. Der Mensch hat ihn trotzdem fast ausgerottet. Er hat den als »Lämmermörder« und »Fischvernichter« verschrienen »Wasserwolf« gehetzt, erschossen, vergiftet, aufgespießt und in Fallen gejagt, hat ihm sein dichtes, wasserundurchlässiges Fell über die Ohren gezogen und sein Fleisch gebraten. Um dieses auch in der Fastenzeit genießen zu können, haben Kirchen und Klöster vielerorts das Säugetier als »Fisch« deklariert. Noch heute findet man im Internet Rezepte wie »Fischotter auf andere Art« oder »Fischotter in feinen Kräutern«. Flussbegradigung, Straßenbau und Umweltverschmutzung gaben dem wendigen Wassermarder den Rest.

In vielen Teilen Deutschlands kommt er deshalb nicht mehr vor. Der Otter ist nicht nur eines der reizendsten, sondern leider auch eines der gefährdetsten Tiere unserer Heimat. Deshalb bekommen wir ihn bei uns in Baden-Württemberg nur in Zoos oder Wildgehegen wie in Bad Mergentheim zu Gesicht. Hier stürzen sich die Wasserjäger mit Vergnügen in die ins Eis geschlagenen Löcher, während mein Team und ich mit roten Nasen bei gefühlten minus 20 Grad vor uns hinschlottern.

»Unglaublich«, wundere ich mich, »dass den Fischottern das eisige Wasser nicht das Geringste auszumachen scheint!«

»Dabei besitzen sie nicht mal eine besonders dicke Fettschicht. Aber ihr erstaunlich dichtes Fell hält sie warm«, erklärt mir Tierpflegerin Stefanie Reh-

feld. »Auf einem winzigen Quadratzentimeter wachsen dort 50 000 Haare! Der Mensch hat gerade mal 120! Diese Haare haben eine ungewöhnliche Struktur: Sie greifen wie bei einem Reißverschluss durch mikroskopisch kleine Keile und Rillen ineinander – dadurch ergibt sich ein erstaunlich dichtes Pelzgeflecht. Die Haut bleibt immer schön trocken und warm. Das enge Haargeflecht fängt Luftblasen ein und isoliert so den Körper zusätzlich gegen Kälte. Sehen Sie, wenn unsere Tiere ins Wasser springen, blubbern Blasen an die Oberfläche.«

Die großartigen Schwimmer und Taucher können aber noch mehr: bis

Fischotter sind fantastische Schwimmer und Taucher.

Hier bin ich! – Kameramann Nico Wöhrmann wird ausgetrickst.

zu acht Minuten unter Wasser bleiben! Eigenschaften, mit denen man vorzüglich Fische jagen oder den Kameramann austricksen kann: Von den vier wagenradgroßen Eislöchern, die jeweils etwa drei Meter auseinander liegen, wählt Nico Wöhrmann das erste, positioniert dort seine Kamera und wartet, dass die Wasserjäger ihre Nase aus der Öffnung strecken, um zu atmen. Doch die sind erst mal abgetaucht. Nach einigem Warten (Acht Minuten können lang sein!) tauchen sie auf: an Loch vier! Blicken triumphierend zu uns herüber und scheinen sich köstlich zu amüsieren. Schnell ziehen wir mit der Kamera zu Loch Nummer vier um, nur um etliche Minuten später von Loch eins gegrüßt zu werden. Ein Spielchen, das die nach dem Dachs zweitgrößte heimische

Marderart noch eine Weile fortführt, bis Spannenderes lockt: frischer Fisch.

Während Stefanie Rehfeld die possierlichen Publikumslieblinge füttert, erklärt sie, dass der Fischotter, auch wenn es der Name suggeriert, sich keineswegs nur von Fisch ernährt: »Neben Fisch verputzen die bis zu zwölf Kilo schweren Raubtiere so ziemlich alles: Mäuse, Frösche, Krebse, Insekten, Bisamratten und, wenn sich die Gelegenheit ergibt, auch mal ein Teichhuhn oder eine Wildente. Als typischer Stöberjäger sucht er die Ufer nach Beute ab und legt dabei Strecken von bis zu 70 Kilometern zurück.«

Auf solchen Wanderungen fällt er dann zu allem Unglück auch noch manchmal dem Straßenverkehr zum Opfer. Aber es gibt auch erfreuliche Nachrichten: In manchen Bundeslän-

dern, vor allem im Osten, hat sich der stupsnasige Räuber wieder angesiedelt. Ein gutes Zeichen, denn Fischotter haben einen hohen Anspruch an die Natur. Wo sie sich wohlfühlen, ist die Umwelt im ökologischen Gleichgewicht. Es lohnt sich, besser auf die Natur zu achten. Nicht nur wegen der Fischotter. Uns schadet es bestimmt auch nicht.

Zwergotter im Luisenpark Mannheim

Wildpark Bad Mergentheim

Fischotter gibt es in Baden-Württemberg in der Stuttgarter Wilhelma, im Wildpark Pforzheim und im Wildpark Bad Mergentheim, der neben dem Fischotter mehr als 70 weitere Tierarten beherbergt.

Öffnungszeiten
Mitte März bis Anfang November täglich von 9 bis 18 Uhr, letzter Einlass 16.30 Uhr. Anfang November bis Mitte März an allen Samstagen, Sonntagen und Feiertagen ab 10.30 Uhr bis Einbruch der Dunkelheit. Letzter Einlass 16 Uhr. Hunde an der kurzen Leine sind erlaubt.

Kontakt
Wildpark Bad Mergentheim
An der B 290

97968 Bad Mergentheim
Telefon (0 79 31) 4 13 44
Internet: www.wildtierpark.de

Luisenpark Mannheim

Zwergotter tummeln sich im Luisenpark Mannheim.

Öffnungszeiten
Täglich von 9 Uhr bis Dämmerung, Mai bis August bis 21 Uhr, bei Schlechtwetter früherer Kassenschluss.

Kontakt
Luisenpark Mannheim
Gartenschauweg 12
68165 Mannheim
Telefon (06 21) 41 00 50
Internet:
ww.stadtpark-mannheim.de

Von leuchtenden Pos und nackter Eifersucht

Heiko Egers große Liebe hat Haare auf der Brust, keine guten Tischmanieren und ist auch noch furchtbar eifersüchtig. Seiner Zuneigung tut das keinen Abbruch. Vielleicht weil Ramona schön ist. Auch auf die Gefahr hin unhöflich zu wirken, muss ich sie unentwegt anstarren. In ihrem ausdrucksstarken Gesicht leuchtet eine gefurchte, haarlose Schnauze in kräftigem Blau und Rot. Ihr ungewöhnliches Äußeres zieht den Betrachter unweigerlich in den Bann. Denn Ramona ist ein Mandrill.

Das ist, grob beschrieben, eine stummelschwänzige Pavianart mit farbenprächtiger Gesichts- und Pobemalung. So etwas wie eine Mischung aus Löwe und Hund in den Schattierungen des Regenbogens. Die auffällige Farbe hat dieselbe Funktion wie die prächtigen Federn eines Pfaus: Der Mandrill will damit das andere Geschlecht beeindrucken. Gleichzeitig ist die bunte Pracht ein Zeichen seiner sozialen Stellung. Je leuchtender, desto höher der Rang. Damit der auch ja keinem entgeht, ist die Färbung praktischerweise von vorne und von hinten zu sehen.

Jeden Morgen dreht der Chef des kleinen Göppinger Tierparks eine Runde mit der Paviandame durch seinen Zoo. Mein Kamerateam und ich dürfen sie heute begleiten. Zuvor richtet Heiko Eger das Futter für seine etwa 200 Schützlinge. Stachelschweine, Kängurus, Mungos – alle wollen sie satt werden. Willkommener Anlass für Ramona, die Futterküche in ein grandioses Durcheinander zu verwandeln. Kaum lässt Heiko Eger sie vom Arm, springt sie geschmeidig auf die Anrichte, schnappt sich ein in Zellophan verpacktes Hähnchen, flieht damit auf einen Schrank und beißt gierig rein. Ihrer geklauten Beute wieder beraubt, schmollt die Allesfresserin kurz und tobt zum Waschbecken, um dort von der Seife zu kosten.

»Du Dummerle, lass das! Sie ist wie ein kleines Kind«, lacht Heiko Eger, nimmt ihr die Seife weg, setzt sie zurück auf die Anrichte und reicht ihr einen Milchdrink, den sie gierig leert. Wieder auf Heiko Egers Arm, beginnt sie ihn liebevoll am Hals und hinter den Ohren zu lausen. Dabei klappert sie mit den Zähnen und stößt keckernde Laute aus.

Tiersteckbrief

Name: Mandrill.
Wissenschaftlicher Name: Mandrillus sphinx.
Ordnung: Primaten.
Familie: Meerkatzenverwandte.
Gattung: Backenfurchenpaviane.
Arten: Es werden acht Arten von Pavianen unterschieden: fünf Arten von Steppenpavianen, welche in offenem Gelände leben und von denen der Gelbe Pavian (*Papio cynocephalus*) der bekannteste ist; zwei Arten von regenwaldbewohnenden, stummelschwänzigen Backenfurchenpavianen, der Mandrill (*Mandrillus sphinx*) und der Drill (*Mandrillus leucophaeus*); und eine Art von Blutbrustpavianen, der Dschelada (*Theropithecus gelada*), der im äthiopischen Hochgebirge zu Hause ist.
Größe: Beim Männchen Körperlänge von 65 bis 95 cm, beim Weibchen 50 bis 65 cm. Der Mandrill gehört zu den größten Affen.

Heimisch in: Westafrika in der Nähe des Äquators (Kamerun, Kongo, Gabun, Äquatorialguinea). Früher reichte ihr Verbreitungsgebiet bis nach Nordafrika und sogar bis nach Europa.
Lebensraum: Regenwald. Die Männchen leben überwiegend auf dem Boden, die leichteren Weibchen und ihre Jungen ziehen sich in die Bäume zurück.
Anzahl Junge: Eins.
Nahrung: Wurzeln, Früchte, Blätter, Samen, Nüsse, kleinere Wirbeltiere und Insekten.
Tag-/Nachtaktiv: Tagaktiv.
Lebenserwartung: In freier Wildbahn unbekannt. In Gefangenschaft bis zu 46 Jahre.
Gefährdete Art: Durch Zerstörung des Lebensraums durch Holzeinschlag, landwirtschaftliche Nutzflächen und Bejagung stark gefährdet. Steht auf der Roten Liste der Weltnaturschutzunion (IUCN).

»Sie sucht nach Hautschuppen«, erklärt er, »und mit diesen Beschwichtigungslauten drückt sie ihre Zuneigung aus. Es heißt so viel wie: ›Ich tu dir Gutes, tu du mir nichts Böses.‹«

Zwei, die sich verstehen:
Ramona und Heiko Eger.

Weil sie als Baby von ihrer Mutter nicht angenommen wurde, musste sie mit der Hand großgezogen werden, deshalb ist sie so zutraulich. Ihren Heiko, der sich seit 18 Jahren um sie kümmert, überschüttet sie regelmäßig mit liebevollen Zärtlichkeiten. Schließlich ist er ihr Pavianmann! Darüber lässt sie niemanden im Zweifel. Eifersüchtig verfolgt sie jeden seiner Schritte. Während sie Ton- und Kameramann anstandslos in seiner Nähe duldet, keift sie, was das Zeug hält, sobald sich etwas Weibliches (in diesem Fall ich) »ihrem Männchen« auch nur ansatzweise nähert. Auch dann noch, als ihr Angebeteter sie unter seiner Latzhose verstaut und wir, in angemessenem Abstand zueinander, durch den Tierpark schlendern. Woran sie überhaupt erkennt, wer »Mann« und wer »Frau« ist, bleibt mir ein Rätsel.

»Warum wird der Mandrill eigentlich Waldteufel genannt?«, möchte ich von Ramonas großer Liebe wissen.

»Den Namen haben ihm die Eingeborenen von Guinea verpasst, weil er ein dämonenhaftes Grinsen hat. Wenn er das aufsetzt, sieht er ein wenig unheimlich aus. Der größte regenwaldbewohnende Affe Äquatorial-

Mungos werden auch Mangusten genannt.

afrikas wurde deshalb auch schon als hässlichster und brutalster Affe der Welt beschrieben. Das ist aber Quatsch. Im Gegenteil, das Waldtier ist sehr sozial, und man kann nur staunen, wie es Auseinandersetzungen vermeidet«, erklärt mir der Zoochef.

Bei den Waldbewohnern kommt es kaum zu heftigen Kämpfen mit ernsthaften Verletzungen. Die grelle »Kriegsbemalung« deutet unmissverständlich an, wer Chef ist, und schüchtert von vorneherein potenzielle Gegner ein. Durch Drohgebärden und Imponiergehabe entscheiden sich Kämpfe meist schon im Vorfeld. Als Zeichen seiner Demut wendet der Unterlegene dem Ranghöheren sein Hinterteil zu. Was bei uns fahrlässig frech wäre, ist im Mandrillreich ein Zeichen von Respekt und Unterwürfigkeit.

Plötzlich kreuzen drei halbstarke Mungos unseren Weg, bauen sich vorlaut vor uns auf ihren Hinterpfoten auf und machen dicke Backen.

»Meine Mangusten sind kleine Dauerausreißer, sie erkunden meist auf eigene Faust Tierpark und Umgebung. Etwa einen Kilometer von hier entfernt befindet sich eine Tankstelle. Der Besitzer hat letzte Woche angerufen und mich darüber informiert, dass meine Mungos vor ihm stünden, um Sprit zu kaufen, ohne Kanister könne er ihnen aber leider nichts geben«, lacht Heiko Eger. »Also bin ich hin und hab die flüchtigen Raubtiere wieder eingesammelt. Die frechen Kerlchen machen nur Unsinn.«

Die Mandrill-Dame liebt Milchdrinks.

Von Ramona nehmen sie nur kurz Notiz, der Schäferhund eines Zoobesuchers fesselt jetzt ihre ganze Aufmerksamkeit. Dem muss dringend gezeigt werden, wer hier im Zoo das Sagen hat! So schnell sie aufgetaucht sind, sind sie wieder verschwunden.

Auch für Ramona ist es Zeit, zu ihresgleichen ins Gehege zurückzukehren. Zum Abschied halte ich ihr einen Keks vor die bunte Nase, aber weder von ihm noch von mir möchte sie etwas wissen und faucht mich feindselig an. Schade! Der eifersüchtige Pavian und ich werden wohl nie Freunde werden. Trotzdem: Ramona und der kleine Tierpark in Göppingen sind ein echter Geheimtipp für Tierfreunde. Auch für Frauen.

Der kleine Tierpark in Göppingen

Ramona lebt im kleinen Tierpark Göppingen. Wer in der Frühe kommt, hat Chancen, ihr beim Park-Spaziergang mit Heiko Eger zu begegnen.

Öffnungszeiten
Der Tierpark ist das ganze Jahr über von 10 Uhr bis 19 Uhr geöffnet.

Kontakt
Der kleine Tierpark in Göppingen
Schickhardtstraße 25
73033 Göppingen
Telefon (0 71 61) 2 57 60
Internet:
www.tierpark-goeppingen.de

Elfengleiche Schönheiten
von flatterhaftem Wesen

Von der pummeligen, verfressenen Raupe zum feengleichen, ätherischen Luftwesen – kaum ein Tier durchläuft eine so bizarre Metamorphose wie der Schmetterling. Kaum ein Insekt fasziniert mehr. Noch ahne ich nicht, dass sich hinter all den farbenprächtigen Faltern, die sich hier auf einer naturbelassenen Sommerwiese auf dem Kappelberg bei Fellbach tummeln, noch viele weitere Talente verbergen.

Schwalbenschwanz, Tagpfauenauge, Distelfalter – Horden kleiner Naturwunder gaukeln mir und meinem Team grazil um die Nasen.

180 000 Arten gibt es weltweit, um die 5000 allein in Europa. Jährlich werden etwa 700 neue entdeckt, und eine Million Arten, so schätzt man, sind noch gar nicht erfasst. Dabei kennen wir kaum alle unsere heimischen Arten! Den wunderschönen Blauen Falter zum Beispiel, der gera-

Der Bläuling ist ein selten anzutreffender heimischer Tagfalter.

Tiersteckbrief

Name: Schmetterlinge.
Wissenschaftlicher Name:
Lepidoptera (Ordnung).
Klasse: Insekten.
Ordnung: Schmetterlinge.
Größe: Von 2 mm (Schopfstirnmotten) bis zu 30 cm (Eulenfalter) Flügelspannweite.
Heimisch in: Auf allen Kontinenten außer in der Antarktis.
Lebensraum: Waldränder, Steppen und Wiesen, Bach- und Flussniederungen.
Anzahl Junge: Je nach Art 20 bis über 1000 Eier.
Nahrung der Raupen: Blätter, Nadeln, Blüten, Samen oder Früchte verschiedener Pflanzen. Aber auch organische Abfälle, Algen, Flechten. Raupen leben auch räuberisch. Bei Nahrungsmangel kann es zu Kannibalismus kommen.
Nahrung der Schmetterlinge: Blütennektar, Pflanzensäfte, Honigtau von Läusen, Saft von faulendem Obst. Der Totenkopfschwärmer saugt Bienenwaben aus. Manche subtropischen Arten leben auch von Kot, Urin, Schweiß und dem Blut anderer Tiere.
Tag-/Nachtaktiv: Nicht alle Tagfalter sind tagaktiv und nicht alle Nachtfalter nachtaktiv. Das Widderchen ist z. B. ein tagaktiver Nachtfalter.

Lebenserwartung: Bei den meisten Arten schlüpfen die Raupen nach etwa acht Tagen aus den Eiern. Das Raupenstadium dauert etwa vier Wochen. Nach vierzehn Tagen schlüpft der Falter aus der Puppe. Die Lebensspanne der Falter beträgt in der Regel einige Tage bis wenige Monate. Manche Arten fliegen nur vierzehn Tage lang, während Zitronenfalter elf bis zwölf Monate alt werden. So schlüpfen fortwährend neue Falter, bei einigen Arten sogar mehrere Generationen pro Sommer.
Gefährdete Arten: Zahlreiche Schmetterlingsarten sind durch den Verlust von Lebensräumen gefährdet. In der Anlage 1 zur Bundesartenschutzverordnung sind zahlreiche besonders geschützte Schmetterlingsarten aufgelistet. Die Rote Liste der Großschmetterlinge gibt einen Überblick über die gefährdeten Arten. Nur 50 Prozent aller Schmetterlingsarten in Deutschland sind nicht gefährdet, 2 Prozent sind bereits ausgestorben oder verschollen.

de anmutig an uns vorbeisegelt, habe ich vorher noch nie gesehen.

»Kein Wunder«, meint unser Schmetterlingsführer Michael Eick vom Naturschutzbund Fellbach, »das ist auch ein Ameisen-Bläuling, einer der seltensten heimischen Tagfalter. Seine Raupe schleicht sich mit einem raffinierten Trick in den Bau der Ameise der Gattung Myrmica, um dort schmarotzend zu überwintern. Die rosa-weiß gemusterte Raupe lässt sich von der Pflanze, auf der sie aus dem Ei geschlüpft ist, direkt vor die Füße der Ameisen fallen. Dort sondert sie eine zuckerhaltige Flüssigkeit ab, die den Ameisen so köstlich schmeckt, dass sie den Zuckerlieferanten nicht verspeisen, sondern begeistert in ihren Bau schleppen, um ihn dort zu melken. Im Bau wird aus dem Eindringling ein hemmungsloser Nesträuber, der unbehelligt über die Eier, Larven und Puppen seiner ahnungslosen Gastgeber herfällt. Um die bei Laune zu halten, lässt er ab und zu ein paar Tröpfchen seines begehrten Sekrets springen.«

Ja, Freunde der elfengleichen, gern verklärten Geschöpfe! Es fällt schwer, der Realität ins Auge zu blicken: Aber längst nicht jedes zerbrechliche Kunstwerk lebt vom Nektar allein, schwebt schöngeistig von Blüte zu Blüte. Beim Großen Schil-

Trinken Blut und Tränen: Eulenfalter

lerfalter darf es ruhig von Hundehaufen zu Pferdeapfel oder zu Kuhschweiß sein. Andere flattern von Träne zu Träne. Was sich schon fast wieder poetisch anhört, ist aber für das betreffende Säugetier wenig romantisch. Tränentrinkende Nachtfalter der Familie Zünsler, Eulenfalter und Spanner aus Afrika, Brasilien und Südostasien rüsseln dem Schlafenden recht unschön unter den Augenlidern rum, um an deren salziges Nass zu gelangen. Tränentrinkende Eulenfalterarten aus Südostasien machen selbst vor Blut aus offenen Wunden nicht halt. Mit ihrem Stechrüssel saugen sie an Säugetieren und Menschen und übertragen zu allem Überfluss auch noch Krankheitserreger. Aber genug der schaurig-exotischen Geschichten, zurück zu unseren heimischen Arten.

»Was machen die eigentlich im Winter?«, möchte ich von Michael Eick wissen.

»Die meisten Falter überstehen die kalte Jahreszeit als Raupe, Puppe oder Ei. Nur wenige überwintern als ausgewachsener Schmetterling, auch Imago genannt. Von denen hauen ein paar einfach ab.«

»Sie hauen ab?«, frage ich etwas verwirrt.

»Ja, sie fliegen wie Zugvögel in den sonnigen Süden. Der Distelfalter sagt ›tschüss Mitteleuropa‹ und flattert in den Mittelmeerraum.«

»Aber das ist doch für so ein winziges, zartes Wesen unglaublich weit!«

Der Admiral wandert über die Alpen in den Süden.

»Sollte man meinen, aber Strecken von 2000 Kilometern sind für den Distelfalter oder auch das Taubenschwänzchen kein Problem. Im Frühjahr fliegen deren Nachfahren dann von Südeuropa und Nordafrika zurück über die Alpen nach Norden und verbringen den Sommer in Mitteleuropa. Naht der Winter, fliegen sie wieder zurück in den Süden. Da viele Flattermänner nur wenige Monate leben, tritt die nächste Reise bereits die folgende Generation an. Woher die ihre Reiseroute kennen, weiß kein Mensch.«

Auch der Zitronenfalter überwintert als Imago, schafft solche Strecken aber nicht. Dafür hat er andere höchst erstaunliche Überlebenstricks auf Lager. Ungeschützt vor Eis und Schnee überwintert er auf solchen Wiesen wie hier am Kappelberg. Für andere Falter der sichere Tod. Aber ihn lassen eisige Temperaturen bis minus 20 Grad kalt. Sein Trick: In seinen

Das Taubenschwänzchen fliegt bis zu 2000 Kilometer weit.

Zerbrechliche Schönheit: Kohlweißling

Adern fließt das Frostschutzmittel Glycerin! Ein Mittel, bei dem ich höchstens an den Motor oder die Scheibenwaschanlage meines Autos oder vielleicht an Sprengstoff denke, aber bestimmt nicht an zerbrechlich-zarte Insekten.

Während Bläuling und Scheckenfalter den Winter erst gar nicht überleben, Tagpfauenauge oder der kleine Fuchs die Kälteperioden starr in Baumhöhlen, Garagen und Kellern überdauern, hängt der Zitronenfalter durch seine grünlichen Flügel gut getarnt und völlig entspannt an Sträuchern oder Bäumen. Doch Tarnung, Winterstarre und ein reduzierter Stoffwechsel reichen nicht aus im Kampf gegen Eis und Kälte. Ohne Frostschutzmittel würde sich seine Körperflüssigkeit ausdehnen und gefrieren, das arme Kerlchen müsste platzen! Also scheidet es einen Teil seiner Körpersäfte aus, den lebensnotwendigen Rest hält das Frostschutzmittel flüssig. Der Falter schafft es, den Gefrierpunkt im Körper herunterzufahren und sich »lebend zu konservieren«. Im März wacht die kleine Frostbeule wieder auf und wird so fast ein Jahr alt. Damit ist der Zitronenfalter der Methusalem unter den heimischen Arten.

Lebensraumzerstörung und Gift machen das eh schon kleine Falterleben zusätzlich schwer. Viele unserer heimischen Arten sind vom Aussterben bedroht, weil sie zwischen englischem Einheitsrasen und exotischen

Gewächsen keine Nahrung mehr finden. Mit Staudenrabatten, duftenden Kräuterbeeten oder Wildsträuchern können wir den geflügelten Wunderwesen eine neue Heimat schenken. Und über Fallobst im Garten freut sich auch der schöne Admiral. Bevor er auf große Reise geht, saugt er mit Vergnügen Saft von leicht gärenden Äpfeln, Birnen und Pflaumen. Einen Schwips scheint er davon noch nie bekommen zu haben. Bis jetzt hat er auf seinem langen, beschwerlichen Weg in den Süden immer Kurs gehalten.

Nabu Baden-Württemberg

Schmetterlingsführungen bietet der Nabu Baden-Württemberg an.

Kontakt
Nabu Baden-Württemberg
Tübinger Straße 15
70178 Stuttgart
Telefon (07 11) 9 66 72-0
Internet: www.nabu-stuttgart.de

Führungen in anderen Teilen des Landes können Sie auch in den jeweiligen Ortsgruppen erfragen. Die Ortsgruppe in Ihrer Nähe können Sie über das Internet ermitteln: www.nabu.de

BUND

Auch der Bund für Umwelt und Naturschutz Deutschland (BUND) bietet immer wieder zahlreiche Aktionen rund um den Schmetterling an.

Kontakt
BUND Landesverband
Baden-Württemberg
Mühlbachstraße 2
78315 Radolfzell
Telefon (0 77 32) 15 07-0
Internet: www.bund.net/bawue

BUND Landesgeschäftsstelle
Stuttgart
Paulinenstraße 47
70178 Stuttgart
Telefon (07 11) 62 03 06-0

Allgemeines

Wunderschöne Exoten aus aller Welt können Sie unter anderem in der Stuttgarter Wilhelma, im Schmetterlingshaus auf der Blumeninsel Mainau, im Schmetterlingshaus im Botanischen Garten Tübingen oder im Tropenhaus im Luisenpark Mannheim bewundern.

Katzen, Sandmännchen und unerfüllte Träume

Yaya ist ein echter Hingucker: Die anmutige schlanke Gestalt, seine vollkommene Zeichnung – schwarz-weiß das Fell, tiefrot der Rücken – seine Art, grazil von Ast zu Ast zu hüpfen, einfach alles an ihm ist elegant. Denn Yaya ist eine Roloway-Meerkatze: der Dandy unter den Primaten! Seinen langen weißen Spitzbart trägt er wie eine Hommage ans Sandmännchen, das gleichfarbige Stirnband erinnert an Björn Borg. Gerne würde ich ihm durchs seidige Fell streicheln, aber Tennis-Sandmännchen und die anderen schmucken Kunstwerke aus seiner Sippe, Mama Fabiola und Baby Grisou, dürfen wir nur hinter Glas bewundern. Ihre Zähne sind messerscharf und vom Affen gebissen zu werden, ist kein Vergnügen.

Um Kameramann Nico Wöhrmann klare Sicht zu verschaffen,

Stirnband wie Björn Borg, Spitzbart wie das Sandmännchen

Tiersteckbrief

Name: Roloway-Meerkatze.

Wissenschaftlicher Name: Cercopithecus diana roloway.

Ordnung: Primaten.

Gattung: Meerkatzen.

Unterart: Roloway-Meerkatze.

Größe: Kopf-Rumpf-Länge variiert zwischen 40 und 55 cm.

Heimisch in: Westafrika, nur im westlichen Ghana und im Osten der Elfenbeinküste.

Lebensraum: Die mittleren und oberen Baumetagen des Regenwaldes.

Anzahl Junge: Eins. Selten Zwillinge.

Nahrung: Früchte, Blüten, Samen, Vogeleier, Insekten und andere Wirbellose.

Tag-/Nachtaktiv: Tagaktiv.

Lebenserwartung: In Zoos etwa 30 Jahre, in freier Wildbahn etwa 20 Jahre.

Gefährdete Art: Roloway-Meerkatzen sind in allen Artenschutzkategorien trauriger Rekordhalter. Sie sind in der höchsten Prioritätsstufe für Schutzmaßnahmen der Weltnaturschutzunion (IUCN) eingestuft. Und sie sind die einzigen Meerkatzen, die von der Stiftung Artenschutz in die Liste der bedrohtesten Tierarten unseres Planeten aufgenommen wurden. Der Zoo Heidelberg hat 2001 ein Projekt zum Schutz der westafrikanischen Affen ins Leben gerufen, an dem zehn europäische Zoos und zwei Naturschutzorganisationen beteiligt sind.

---

rückt Tierpfleger Bernd Kowalsky mit Lappen und Eimer an und befreit die Gehege-Scheibe von fettigen Affen-Fingertapsern und feuchten Meerkatzen-Nasenabdrücken.

Klein-Grisou findet das gar nicht gut. Schließlich handelt es sich hier um seine wertvollen Hinterlassenschaften. Kaum hat der Pfleger sein Werk vollendet, lehnt er sich beidpfotig an die Scheibe, drückt sein Gesichtchen dagegen und beginnt das Glas akribisch abzulecken. Das amüsante Spielchen, das jetzt beginnt und ihm sichtlich Freude bereitet, geht folgendermaßen: Grisou leckt, was das Zeug hält, Bernd Kowalsky putzt, was das Zeug hält, Grisou leckt, was das Zeug hält, Bernd Kowalsky putzt, was das Zeug hält, Grisou ... bis es ihm langweilig wird und er sich an Mamas Milchbar trollt. Ich frage mich, was den Menschen dazu bewogen hat, einem so hinreißenden Wesen einen so merkwürdigen Namen zu verpassen.

»Den Namen ›Meerkatze‹ kennt man seit dem 16. Jahrhundert. Damals wurden die ersten Affen mit Schiffen von Afrika nach Europa gebracht«, erklärt Bernd Kowalsky. »Sie

Grisou leckt die Scheibe »dreckig«.

Im Heidelberger Zoo gibt es regelmäßig Nachwuchs.

kamen also über das Meer und die Menschen dachten damals, es seien Katzen. Also ›Meer-Katze‹, die Katze, die über das Meer kam. Manche glauben auch, dass sich der Name vom Sanskrit-Wort ›markata‹ ableitet, was Affe bedeutet.«

Die außergewöhnlichen Primaten sind nicht nur äußerst schön, sie sind auch äußerst selten. Gerade mal 34 Tiere zählt man in allen Zoos weltweit. Kein Wunder ist der Heidelberger Tiergarten auf seine neun Roloway-Meerkatzen und seine regelmäßigen Zuchterfolge stolz: Fünf Jungtiere haben bisher am Neckar das Licht der Welt erblickt. Keine 1000 Tiere, so schätzt man, springen noch in freier Wildbahn durch die Regenwälder Ghanas und der Elfenbeinküste. Nur hier findet man die Baumbewohner. Ein eh schon sehr

Baby Grisou an Mamas Milchbar

begrenztes Stück Lebensraum, das täglich noch begrenzter wird, weil man es unerbittlich Baum für Baum abholzt.

Roloway-Meerkatzen sind in allen Artenschutzkategorien trauriger Rekordhalter: Sie stehen auf der Liste der bedrohtesten Tierarten unseres Planeten und sind noch gefährdeter als der große Panda-Bär. Irgendwann kam einer auf die saudumme Idee, dass etwas, das hübsch anzuschauen ist, sicher auch gut schmeckt. Seither gelten die grazilen Schönheiten als Delikatesse und werden als so genanntes »Buschfleisch« erbarmungslos von den Bäumen geschossen. Dieses Wildtierfleisch landet keineswegs in den Kochtöpfen der Armen, die sich anderes nicht leisten können, sondern dient der Befriedigung kulinarischer Gelüste der Besserverdienenden. Erschwerend kommt hinzu, dass es die Roloway-Meerkatze nie gelernt hat, sich wegen der Wilderer irgendwelche Sorgen zu machen. Woher auch. Seit Jahrtausenden weiß sie, vor was sie sich zu fürchten hat: vor Greifvögeln, Schlangen, Pavianen und Leoparden. Aber nicht vor den »komischen Affen« dort unten mit den vermeintlichen Stöcken in den Händen. In dem Moment, in dem es ihr dämmern könnte, dass die »komischen Dinger« Böses im Schilde führen, wenn sie mit den merkwürdigen Stöcken auf sie zielen, ist es längst um sie geschehen. Zeit, die anderen vor den Wilderern zu warnen, bleibt meist keine. Also macht der Rest der Sippe weiter unbesorgt das, was er schon immer tat: lauthals in den Baumkronen des Regenwaldes rumgrölen und für alle bestens vernehmbar das Revier verteidigen. Kilometerweit hörbar auch für die Wilderer, die den randalierenden Meerkatzenmännchen so erst auf die Spur kommen. Ironie des Schicksals, dass die leichte Beute ausgerechnet die Jagdgöttin »Diana« im wissenschaftlichen Namen trägt.

Fern von solch deprimierenden Ereignissen sitzt Yaya gedankenverloren auf einem Ast, rupft eine Handvoll Blätter ab und lässt sie spielerisch auf den Boden segeln. Dabei erinnert mich der Spitzbärtchen-Träger erneut ans Sandmännchen, wie es Traumsand streut, um schöne Träume zu schenken. Träume vom besseren Leben für die Roloway-Meerkatzen in Westafrika.

Zoo Heidelberg

Die seltenen und wunderschönen Roloway-Meerkatzen können Sie im Menschenaffenhaus des Heidelberger Zoos bewundern.

Öffnungszeiten
Der Heidelberger Zoo ist täglich geöffnet. März 9 bis 18 Uhr, April bis September 9 bis 19 Uhr, Oktober 9 bis 18 Uhr, November bis Februar 9 bis 17 Uhr. Letzter Einlass eine halbe Stunde vor Schließung.

Kontakt
Zoo Heidelberg
Tiergartenstraße 3
69120 Heidelberg
Telefon (0 62 21) 64 55-0
Internet: www.zoo-heidelberg.de

Von wiederwachsenden Beinen und verlorenen Leben

Viele kennen ihn nur noch aus dem Zoogeschäft oder als importierte Delikatesse auf dem Teller: den Flusskrebs. Dabei kreuchten die kleinen Verwandten des Hummers noch Mitte des letzten Jahrhunderts in rauen Mengen durch unsere Bäche, Flüsse und Teiche. Den Rhein hatte das Krustentier besiedelt, den Neckar, die Gewässer Oberschwabens und die des Schwarzwaldes sowieso. Körbe-, ja tonnenweise wurde das Volksnahrungsmittel auf den Märkten verkauft, schier unermesslich schienen die Bestände. Heute sind unsere drei heimischen Arten Stein-, Dohlen- und Edelkrebs so gut wie verschwunden.

Leer sind unsere Seen, Bäche und Flüsse aber keineswegs. Man findet Krebse. Jede Menge sogar. Was es damit auf sich hat, zeigt mir Biologe Frank Pätzold an einem Weiher bei Baden-Baden. Reusen mit Krebsködern hat er dort vor unserem Besuch ausgelegt, die er jetzt an Land zieht. Und tatsächlich: In dem Netzgeflecht zappelt es gewaltig. Fasziniert starre ich auf das dunkle Gewirr aus Scheren, Antennen, Beinen und Panzern.

Flusskrebsnachwuchs

Kamberkrebs aus Nordamerika

73

Archaische Krustentiere, deren Äußeres erahnen lässt, dass sie schon ein paar Jahrmilliönchen auf der Erde rumkrebsen.

»Wenn es so viele Krebse in unseren Bächen und Seen gibt, warum habe ich dann noch nie einen gesehen?«, möchte ich von Frank Pätzold wissen.

»Krebse sind überwiegend nachtaktiv, tagsüber verstecken sie sich in Höhlen oder unter Steinen, Wurzeln und totem Holz. Sie müssten schon nachts losziehen oder gezielt unter den Steinen suchen.«

Dort lungert das gepanzerte Urtier am liebsten alleine rum. Es mag keine anderen Krebse. Sollte ihm dennoch einer dumm vor die Scheren laufen, gibt's Gerangel, wonach schon mal ein Bein oder ein Fühler fehlen kann. Was den Krebs aber nicht weiter irritiert, denn auf wundersame Weise regeneriert sich das fehlende Glied.

Ein paar Mal in seinem Leben fährt der Krebs aus der Haut. Sein starrer Panzer wächst nicht mit, also muss er ihn von Zeit zu Zeit »ausziehen« und sich ein neues Außenskelett zulegen. Über 250 Millionen Jahre macht er das schon so. In der ganzen Zeit hat er sich kaum verändert. Er hat sogar die Saurier überlebt, nichts konnte den robusten Krustentieren etwas anhaben. Heute sind die größten

Tiersteckbrief

Name: Flusskrebs.
Wissenschaftlicher Name: Astacoidea.
Klasse: Höhere Krebse.
Überfamilie: Flusskrebse.
Größe: Größter heimischer Krebs ist der Edelkrebs mit 20 cm Länge, kleinster der Steinkrebs mit 8 cm Länge. Der Dohlenkrebs ist 10 cm lang.
Heimisch in: Ganz Europa.
Lebensraum: Der Edelkrebs lebt in größeren Bächen, kleineren Flüssen, Seen und Weihern. Steinkrebse in kleineren Fließgewässern, höher gelegenen Seen. Dohlenkrebse leben in tiefer gelegenen Regionen der Fließgewässer, in langsamer strömenden kleinen Bächen und sumpfig-moorigen Stillgewässern.
Anzahl Junge: 50 bis 400 Eier.
Nahrung: Wasserinsekten, Würmer, Molche, Frösche, Schnecken, Muscheln, Fische, Aas, Wasserpflanzen, Herbstlaub, Algen und modriges Holz.
Tag-/Nachtaktiv: Dämmerungs- und nachtaktiv.
Lebenserwartung: Über 20 Jahre.
Gefährdete Art: Unsere heimischen Flusskrebsarten sind durch die Krebspest, eine Pilzinfektion, stark bedroht.

Archaische Krustentiere: Flusskrebse

Gegen die Krebspest resistent:
Amerikanischer Signalkrebs

Feinde unserer heimischen Krebse andere Krebse.

»Schauen Sie, in der Reuse ist kein Edel-, kein Stein-, kein Dohlenkrebs, nichts. Keine einzige heimische Art. Dafür er hier zum Beispiel«, Pätzold hält mir ein gigantisches Exemplar vor die Nase. »Ein galizischer Sumpfkrebs. Ursprünglich kommt er aus dem Einzugsgebiet des Kaspischen Meeres. Oder dieser Rote Amerikanische Sumpfkrebs hier stammt aus Louisiana. Die Exoten haben hier eigentlich überhaupt nichts zu suchen, genauso wenig wie dieser Kamberkrebs aus Nordamerika. Anfang des 19. Jahr-

Seit 1997 in Europa: Nordamerikanischer Kalikokrebs

hunderts siedelten ihn Krebszüchter bei uns im Land an. Die Exoten sollten Profit bringen, stattdessen brachten sie unseren heimischen Arten den Tod.«

Mit dem Krebsreichtum war es bald vorbei: Die von den Einwanderern eingeschleppte Krebspest, ein tödlicher Pilz, begann ihren Todeszug quer durch alle Fließgewässer und Seen und raffte unsere Arten dahin. Ganze Flusskrebsbestände überall in Europa wurden vernichtet. Das Perfide: Die Überträger der Seuche wie der amerikanische Signalkrebs oder der Kamberkrebs selbst sind gegen den Erreger resistent und vermehren sich munter weiter. Gewässerverschmutzung und Lebensraumvernichtung erledigten den Rest. Nur noch in ganz wenigen, nahezu unberührten Gebirgsbächen wie im Schwarzwald findet man vereinzelt einheimische Krebsarten.

»Werden sich unsere heimischen Arten jemals wieder erholen?«, möchte ich von dem Biologen wissen.

»Es gibt zwar Zuchtprojekte von Naturschutz- und Fischereiverbänden und einige Zuchtbetriebe. Aber die Seuche ist hartnäckig und die Eindringlinge werden immer mehr. Unsere Generation wird die Rückkehr der heimischen Krebsarten in unsere Flüsse und Bäche nicht mehr erleben, das ist Utopie. Im Gegenteil, auch immer mehr andere Tiere haben ›Ausländerprobleme‹. Im Rhein sind zum Beispiel 90 Prozent aller Kleintiere nicht mehr einheimisch. Was für Auswirkungen das auf unsere Arten hat, kann noch gar keiner abschätzen.«

Traurig, aber der heimische Flusskrebs wird wohl weiterhin nur Feinschmeckern ein Begriff sein: als importierte Delikatesse in Sahnesoße.

Landesfischereiverband Baden

Beim Landesfischereiverband Baden e.V. erhalten Sie Informationen über Krebsvorkommen. Außerdem bietet der Verband Führungen an.

Kontakt
Landesfischereiverband Baden e. V.
Bernhardstraße 8
79098 Freiburg
Telefon (07 61) 2 32 24
Internet: www.lfvbaden.de

Pumuckl und die haarige Frage nach dem Windkanal

Auch wenn es Wilhelmabesucher oft vermuten, nein, der Haubenlangur steht morgens nicht früher auf als andere Zootiere, um sich seine kunstvolle Frisur zu richten, und er übernachtet auch nicht eitel im Windkanal! Immer wieder wird Pflegerin Margot Federer gefragt, wie sie die trendigen Matten ihrer Schützlinge so gekonnt in Form bringt.

»Viele Besucher wollen nicht glauben, dass die extravagante Haarpracht gottgegeben ist«, grinst sie.

Auch um die Frage, wem das zarte Porzellangesicht mit der Punkfrisur nun ähnelt, toben vor dem Stuttgarter Affengehege wahre Glaubenskriege: »Ganz klar, den Beatles«, sagen die einen, »wie Pumuckl oder Monchichi«, die anderen. Einige Stimmen meinen, wie Fürstin Gloria von Thurn und Taxis in ihren besten Zeiten, wieder andere ziehen den gewagten Vergleich zum Haarkranz des Dichterfürsten Goethe. Die ungewohnte Äffchenfrisur beflügelt die Phantasie.

Solch struppige Haarpracht sieht man aber auch nicht alle Tage. Haubenlanguren sind dünn gesät. In ganz Baden-Württemberg gibt es sie nur ein einziges Mal zu bewundern, hier in der Stuttgarter Wilhelma. Denn die Zoo-Raritäten sind heikle Pfleglinge: Sie mögen zwar Gemüse und unreifes Obst, vertilgen aber in erster Linie Unmengen von Blättern, die nicht jeder Zoo ganzjährig beschaffen kann. Um auch im Winter genügend Laub

Haubenlanguren sind echte Zoo-Raritäten.

für die Nahrungsspezialisten vorrätig zu haben, muss die Wilhelma jeden Sommer in einer groß angelegten Aktion Unmengen von Zweigen ernten, in Plastiksäcke verpacken und einfrieren. Ohne diese aufwendige Vorratswirtschaft könnten die kuriosen Äffchen nicht gehalten werden. Damit ihnen Besucher nichts zustecken, leben die Blätteraffen geschützt hinter Scheiben. Schon ein klitzekleiner Keks oder ein Stückchen reife Banane könnte sie das kleine Affenleben kosten.

»Haubenlanguren fehlt ein bestimmtes Magen-Bakterium, das den Zucker aufschließt«, erklärt Margot Federer. »Von Süßem bekommen sie einen Zuckerschock und können daran sterben.«

Fast zehn Jahre musste die Stuttgarter Wilhelma auf Nachwuchs warten, denn auch in Sachen Fortpflanzung sind Haubenlanguren eigen. In ihrer Heimat Java oder Bali leben die Waldbewohner im Harem: Ein Männchen beglückt bis zu 15 Frauen. In der Stuttgarter Wilhelma sind es sieben, aber keine Einzige, so die Pflegerin, hat gefallen.

»Unser erster Haubenlangur-Mann wollte von allen sieben Mädels nichts wissen. Nicht eine hat ihn interessiert! Dabei waren die Frauen schwer hinter ihm her, sie haben ihn total angemacht. Er hat gelangweilt weggeguckt. Wir dachten schon, er ist schwul. Aber auch bei Haubenlanguren gibt es Sympathie und Antipathie. Er konnte unsere Da-

Porzellangesicht mit extravaganter Punkfrisur

men wohl nicht leiden, denn als er in einen anderen Zoo kam, ist er seinen Ehepflichten auf der Stelle nachgekommen.«

Sein Nachfolger dagegen, der den schönen Namen Dr. Subash trägt und aus Singapur stammt, findet die Stuttgarter Damen entzückend: Drei von ihnen hat er flugs zu glücklichen Müttern gemacht. Nach so langer Zeit turnen endlich wieder drei niedliche Babys im orangefarbigen Frack durchs Gehege.

»Die Babys kommen alle orange zur Welt«, erklärt mir Margot Federer. »Erst nach ein paar Monaten färben sie sich schwarz oder grau um, viele bleiben auch rot. Alle Tiere in der Gruppe kümmern sich liebevoll um die Kleinen. Bereits am Tag der Geburt pflegen oft die Tanten den Nachwuchs. Bei den Haubenlanguren geht es familiär zu.«

Alles könnte so schön sein, wäre da nicht der verfluchte Konkurrent, der Subash aus der Gehege-Scheibe hämisch entgegengrinst. Fuchsteufelswild macht ihn dieser Störenfried. Er kann ihm noch so oft eins auf die Haube geben, vertreiben lässt er sich nicht. Bis die Pfleger auf eine einfache, aber wirkungsvolle Idee kommen.

»Dass es sich um sein Spiegelbild handelt, ist ihm nicht beizubringen.

Nach zehn Jahren endlich wieder Nachwuchs!

Haubenlangurbabys haben ein orangefarbiges Fell.

Ernste Unterredung in der Stuttgarter Wilhelma

Sobald er sich sieht, stürzt er sich auf den vermeintlichen Gegner, man kann ihn dann gar nicht beruhigen. Damit er sich nicht verletzt und im Gehege wieder Friede einkehrt, haben wir die Scheiben gekalkt. Das ist zwar ein bisschen störend für die Besucher, aber jetzt gibt Subash Gott sei Dank Ruhe, und wir müssen uns um seine Gesundheit keine Sorgen mehr machen«, erklärt Margot Federer erleichtert.

Wir sind gerade am Zusammenpacken, da höre ich zufällig, wie sich zwei kleine Mädchen über den Namen der Tiere streiten: »Mann, bist du doof, die heißen so, weil sie Hauben auf dem Kopf haben, das sieht doch jedes Kind«, eifert sich die eine. Womit sie auch Recht hat. Ihre Freundin will davon nichts wissen. Sie ist sich sicher: »Haubenlanguren heißen so, weil sie verheiratet, also ›unter der Haube‹ sind!« Ob ich ihnen verrate, dass es auch Mützenlanguren gibt? Kein Witz. Aber das ist eine andere Geschichte.

Die Stuttgarter Wilhelma

Die extrem seltenen Haubenlanguren gibt es in Baden-Württemberg nur im Schwingaffenhaus der Wilhelma zu sehen, gleich neben den Gibbons. Die Wilhelma ist außerdem weltberühmt für ihre Menschenaffenhaltung und gehört zu den ganz wenigen Zoos, die gleich alle vier Menschenaffenarten – also Schimpansen, Zwergschimpansen/Bonobos, Orang Utans und Gorillas – pflegen und züchten. Das Jungtieraufzuchthaus dient inzwischen europaweit als Menschenaffenkinderstube, wenn ausnahmsweise die Kleinen mit der Hand aufgezogen werden müssen.

Öffnungszeiten
Einlass in die Wilhelma zu allen Jahreszeiten täglich ab 8.15 Uhr bis – je nach Jahreszeit – zwischen 16 und 18 Uhr. Der Park muss mit Einbruch der Dunkelheit – spätestens um 20 Uhr – verlassen werden.

Kontakt
Die Wilhelma bietet allgemeine und themenbezogene Führungen. Anfragen und Voranmeldungen bei:

Wilhelma,
Zoologisch-botanischer Garten
Postfach 50 12 27
70342 Stuttgart
Telefon (07 11) 54 02-0
Internet: www.wilhelma.de

Bärtierchen oder das Wunder der Auferstehung

Ganz gleich, ob Wildschwein- oder Fuchsjagd, wehrlose Tiere nur aus Jux über den Haufen zu schießen, lehne ich grundsätzlich ab. Wer hätte geahnt, dass ich mich trotzdem mal auf einer Bärenjagd wiederfinden würde. Es klingt ungewöhnlich, aber ich jage Bären! Mitten auf dem Campus der Universität Stuttgart!

Statt mit Flinte und Schrot sind wir mit Spatel und Reagenzglas bewaffnet. Ich knie mit dem Biologen Dr. Ralph Schill auf dem Boden und kratze kleine Moosstückchen aus den Ritzen der Gehwegplatten. Denn hier, in solchen Moospolstern, auf Wiesen und in Wäldern, in Dachrinnen oder Mauerritzen leben sie: die Bärtierchen! Dr. Schill will mir mit der kleinen Bärenhatz beweisen, dass sie wirklich unter uns sind. Von der Tiefsee bis zum Polargletscher, es gibt keinen Lebensraum, den das Bärtierchen nicht besiedelt hat. Geschätzte 1000 Arten gibt es weltweit, und das Wundertierchen verfügt über geradezu biblische Eigenschaften, von denen andere Lebewesen nur träumen können: Es trotzt widrigsten Lebensbedingungen wie extremer Hitze, Kälte oder Trockenheit.

Diese Überlebenstricks würden Biologen und Mediziner auch gerne beherrschen. Also versuchen Wissenschaftler wie Dr. Ralph Schill von der Universität Stuttgart, das Geheimnis des mikroskopisch kleinen Winzlings zu entschlüsseln. Weil aber so eine Bärenjagd mühselig ist und ihn die Kollegen anderer Fachbereiche vermutlich etwas argwöhnisch betrachten, wenn er auf den Knien über den Campus rutscht, werden die obskuren Tierchen hier in Vaihingen im Labor gezüchtet. Sorgfältig auf Regalen auf-

Bärtiercheneier in der »Hülle« des Weibchens

gereiht lagern Armeen von Petrischalen – bevölkert von zehntausenden Bärchen. Die größte Bärtierchenzucht des Landes! Winzige, schwarze Punkte – mit bloßem Auge kaum zu erkennen.

Im selben Labor werden in Glasgefäßen Algen und Rädertierchen fortgepflanzt, Futter für die Bärtierchen. Der Wissenschaftler zeigt mir Aufnahmen eines Rasterelektronenmikroskops. Und wirklich: Unser Bär sieht aus wie ein richtiges Tier. Er ist ja auch eines.

Rund anderthalb Millimeter klein, aber hoch entwickelt, mit Augen, Nerven, Muskeln und einem gefräßigen Mund. Und weil der Winzling so bärig-süß dahertapst und seine knuddelige Form einem Gummibärchen ähnelt, hat man ihm den schönen Namen »Bärtierchen« verpasst. Selbst nüchterne Wissenschaftler kommen da ins Schwärmen.

»Ich kann mich jeden Tag aufs Neue begeistern, es macht mir riesigen Spaß, mit den Bärtierchen zu ar-

Biblische Eigenschaften: das tapsige Bärtierchen

Tiersteckbrief

Name: Bärtierchen.

Wissenschaftlicher Name: Tardigrada.

Unterreich: Vielzeller.

Stamm: Bärtierchen.

Größe: 100 Mikrometer bis 1,5 mm.

Heimisch in: Weltweit auf allen Kontinenten einschließlich der Arktis und Antarktis sowie in allen Ozeanen. In mitteleuropäischen Regenrinnen, in regelmäßig vereisten arktischen Tümpeln oder tropischen Regenwäldern, in mehr als 6000 Metern Höhe im Himalaja-Gebirge, auf abgelegenen Inseln wie den Sandwich-Inseln, in der 4690 Meter tief gelegenen abyssalen Zone auf dem Boden des Indischen Ozeans oder im Atlantik auf treibenden Braunalgen.

Lebensraum: Meer, Süßwasser, feuchte Lebensräume an Land wie Mooskissen, Erde, Wälder etc.

Alle Bärtierchen sind, obwohl hochgradig austrocknungsresistent, zum aktiven Leben auf einen dünnen Wasserfilm angewiesen.

Anzahl Junge: Je nach Art zwischen 1 und 15 Eier, die teilweise frei abgelegt werden können.

Nahrung: Algenzellen, organische Abfälle mitsamt den darin enthaltenen Bakterien und Pilzsporen. Ernähren sich auch räuberisch von kleineren Tieren wie Fadenwürmern, Rädertierchen oder anderen Bärtierchen, die sie anstechen und aussaugen.

Tag-/Nachtaktiv: In ihren kleinen, meist dämmerigen Lebensräumen hat Licht eine untergeordnete Bedeutung. Die Tiere sind sowohl nacht- als auch tagaktiv.

Lebenserwartung: Die meisten Arten werden 3 bis 6 Monate alt.

Gefährdet: Angaben zur Gefährdung liegen nicht vor.

---

beiten«, freut sich der Biologe. Kein Wunder bei den einmaligen Fähigkeiten des Überlebenskünstlers. Trocknet zum Beispiel sein Lebensraum komplett aus, vertrocknet auch der kleine Wasserbär und verwandelt sich in ein so genanntes Tönnchen. Das Unglaubliche: Selbst Jahrzehnte später kann man den harten Burschen wieder zum Leben erwecken. Einfach, wie bei Instant-Kaffee, Wasser drüberschütten und wenige Minuten später tapst das Minibärchen wieder quietschfidel durch die Gegend. Selbst in 120 Jahre alten Moosproben sollen nach dem Wässern wieder Bärtierchen rumgeturnt sein. Doch damit nicht genug. Knappe 100 Grad, organische Lösungsmittel, UV- und radioaktive Strahlung übersteht der Knirps genauso spielend wie minus 200 Grad.

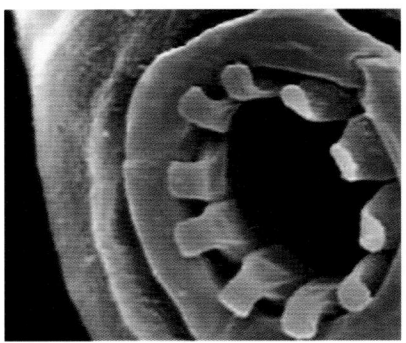
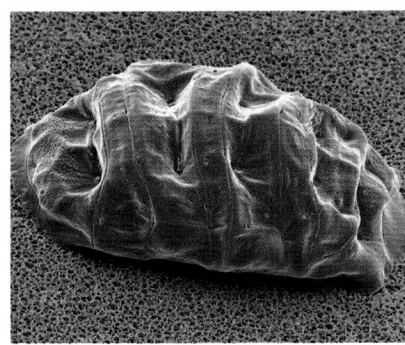

Mundöffnung des Bärchens   Bärtierchen im »Tönnchenstadium«

»Sind Sie dem Geheimnis des widerstandsfähigen Knirpses auf der Spur?«, möchte ich von Ralph Schill wissen.

»Bisher ist es noch ein Rätsel, wie es das Bärtierchen schafft, komplett auszutrocknen oder zu gefrieren, ohne dabei Schaden zu nehmen. Wir hoffen, dass wir in nächster Zukunft einen Schritt weiter sind und das Wissen dann in eine praktische Anwendung umsetzen können.«

Wie zum Beispiel für die Konservierung von Organtransplantaten oder die Gefriertrocknung von Blutkonserven. Blutkonserven, getrocknet und in Pulverform, wären überall verfügbar und könnten so mehr Menschen das Leben retten als bisher. Organe könnten länger haltbar gemacht werden. Noch rätseln die Forscher, wie es der Winzling schafft, seine Zellen über längere Zeit zu konservieren, wie sich das Bärtierchen zum Eisbärchen wandelt, über Jahre im Eis überdauert und völlig unbeschadet wieder auftaut.

Fest steht: Bärtierchen fahren nicht wie andere Tiere ihren Stoffwechsel runter. Sie stellen ihn komplett ein! Für jedes andere Lebewesen der sichere Tod. Nicht für den zähen Mini-Teddy. Dieser Zustand, in dem er auf bessere Zeiten hofft, nennt sich Kryptobiose. Damit kann der Knirps seine natürliche Lebensdauer von einigen Monaten auf Jahrzehnte ausdehnen.

Meine Frage, wie sich *Tardigrada*, so sein wissenschaftlicher Name, fortpflanzt, sorgt bei dem Wissenschaftler für Heiterkeit.

»Beim Bärtierchen gibt es alles.«

Ein Teil vervielfältigt sich also heterosexuell, andere vermehren sich gleichgeschlechtlich, wieder andere befruchten sich gleich selbst. Das Weibchen häutet sich und lässt seine Eier in seiner alten Haut zurück, wo der Nachwuchs vor Feinden geschützt ist. Hier bleibt er, bis er schlüpft. Um den biblischen Bärchen auf die Schliche zu kommen, durften ein paar eingetrocknete Exemplare sogar an Bord einer unbemannten Kap-

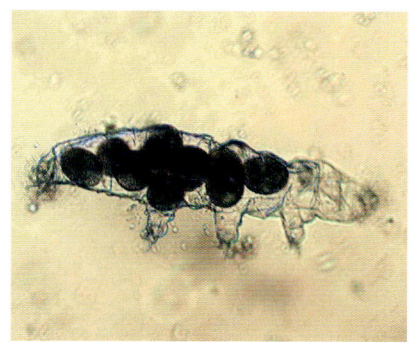

Bärtiercheneier

zustand überleben und sollten sie sich hinterher sogar noch fortpflanzen können«, so Ralph Schill, »sind ihre Fähigkeiten noch einzigartiger als bislang angenommen.«

Bis die Ergebnisse der Weltraumreise ausgewertet sind, wird es noch dauern.

»Wenn Sie es eines Tages schaffen, das Geheimnis zu entschlüsseln, können wir dann eingefroren und wieder aufgetaut werden?«, möchte ich von dem Zoologen wissen.

»Das Rezept fürs ewige Leben ist ein Menschheitstraum. Wenn wir wüssten, wie die Bärtierchen es machen, wären wir diesem Traum zumindest ein ganzes Stück näher.«

Das Wunder der Bärtierchen-Auferstehung – es wird die Wissenschaftler noch eine Weile beschäftigen.

sel 189 Runden um die Erde drehen. Das Weltraumprojekt mit dem hübschen Namen TARDIS (Tardigrades in Space Project) soll erste Erkenntnisse über das Überleben der Tiere unter den lebensfeindlichen Bedingungen des Weltalls bringen.

»Sollten die Bärtierchen die Reise, wofür vieles spricht, in ihrem Ruhe-

Tag der Wissenschaft

Mehr über Bärtierchen, ihre Erforschung und den Einsatz der Erkenntnisse in Medizin und Wissenschaft erfahren Sie am Tag der Wissenschaft der Universität Stuttgart-Vaihingen. Weitere Informationen gibt Dr. Ralph O. Schill.

Kontakt
Universität Stuttgart-Vaihingen,
Biologisches Institut,
Abteilung Zoologie,
Dr. Ralph O. Schill
Telefon (07 11) 6 85-6 91 43
E-Mail:
ralph.schill@bio.uni-stuttgart.de
Weitere Bilder unter:
www.funcrypta.de

Knopfäugiger Nachtwanderer mit schlechten Manieren

Potos flavus nennt ihn der Wissenschaftler, Nachtäffchen der Mexikaner, Mono Michi der Spanier, Kinkajou der Indio (was so viel heißt wie »Wanderer in der Nacht«) und Cuchicuchi heißt er in Venezuela.

Mit seiner 20 (!) Zentimeter langen Zunge nascht er Nektar aus Blüten und Honig aus Bienenstöcken, also sagt man auch Honigbär zu ihm. Und weil ihm beim Klettern sein Schwanz Halt gibt, indem er ihn um Äste, Stehlampen oder um den Hals seines Besitzers wickelt, bezeichnet man ihn bei uns als Wickelbär.

Rusty liebt Streicheleinheiten.

Ich hätte zu gerne einen Film über den Wickelbären gedreht. Aber was tun, wenn kein Zoo, kein Tiergehege im ganzen Land einen beherbergt? Nach monatelanger Recherche stoße ich auf die Adresse eines Privathalters bei Philippsburg, der einiges an Exoten in seinem Haus hält. Und dort liegt er jetzt, am warmen Ofen, unter eine Decke gekuschelt: Wickelbär Rusty.

Nur seine Schwanzspitze lugt hervor. Vorsichtig ziehe ich die Decke weg und werde von zwei zauberhaften Nachttier-Knopfaugen verschlafen und mit gleichgültigem Unverständnis gemustert. Rusty, der aussieht wie eine Kreuzung aus Bärenbaby, Otter und Affe, räkelt sich genüsslich, schüttelt sich die Müdigkeit aus seinem weichen Fell, gähnt herzhaft, wobei er den Blick auf seine lange Zunge und beachtliche Beißerchen freigibt, und legt los. Schnell beschleicht uns die tiefschürfende Erkenntnis, dass ein Wickelbär vielleicht kein ideales Haustier ist. Mag sein Äußeres noch so gewinnend sein. Ruckzuck klettert der intelligente Südamerikaner auf die Türklinke der aus gutem Grund verschlossenen Küchentür, drückt sie mit seinem Gewicht runter und öffnet sie, indem er sich mit seinem Schwanz von der Wand abstößt. In der Küche angelangt, beweist Rusty seine sprichwörtlichen Bärenkräfte, indem er vier übereinander gestapelte, gefüllte Getränkekisten kurzer-

Tiersteckbrief

Name: Wickelbär, auch Honigbär.
Wissenschaftlicher Name: Potos flavus.
Ordnung: Raubtiere.
Überfamilie: Hundeartige.
Familie: Kleinbären.
Art: Wickelbär.
Größe: 40 bis 60 cm, der Schwanz ist etwa 55 cm lang. Gewicht zwischen 1,5 und 4,5 Kilogramm.
Heimisch in: Mittel- und Südamerika.
Lebensraum: In den Baumwipfeln des tropischen Regenwaldes.
Anzahl Junge: Eins.
Nahrung: Früchte, Insekten, Blüten, Nektar, Honig. Manchmal auch Vogeleier.
Tag-/Nachtaktiv: Dämmerungs- und Nachtaktiv.
Lebenserwartung: Etwa 23 Jahre. Es gibt aber auch Wickelbären, die in Zoos bis zu 39 Jahre alt wurden.
Gefährdete Art: Durch die Zerstörung des tropischen Regenwaldes gefährdet. Von der Weltnaturschutzunion (IUCN) als gering gefährdet eingestuft.

hand über den glatten Fliesenboden schiebt, weil er dahinter Fressbares vermutet. Dass er daraufhin hochkant aus der Küche fliegt, bekümmert ihn nicht weiter. Die SWR-Menschen im Wohnzimmer und ihre Ausrüstung sind ja auch interessant. Mit unerschütterlicher Selbstverständlichkeit wühlt sich der neugierige Kleinbär durch meine Tasche, um anschließend forsch den Lichtkoffer auseinanderzunehmen.

Mein Beruf macht mir viel Freude, ich bin mit Tieren aufgewachsen und den Umgang mit ihnen gewöhnt. Also begegne ich ihnen stets mit fröhlicher Sorglosigkeit. Für den niedlichen Rusty ein Kinderspiel, mich für ihn zu begeistern. Was ich oft nicht bedenke, ist der Umstand, dass nicht jeder meine Unvoreingenommenheit und Liebe zum Tier teilt. Kameramann und Tonmann jedenfalls starren so unerschrocken wie möglich auf das forsche Raubtier mit den erstaunlich langen Krallen, das sich ihnen mit krummbeinigem Boxergang nähert. Unter allerlei Höflichkeitsbekundungen – »Nach euch, bitte! Nein, nein, kein Problem, ich muss für die Ton-Aufnahmen gar nicht nah an Rusty ran« – verdrückt sich der Tonkollege in die entlegenste Zimmerecke und taucht bis Drehende daraus nicht mehr auf.

Verschlafener Honigbär unter seiner Kuscheldecke

Es ist unangenehm, von seinem Kameramann mit tiefem Argwohn angesehen zu werden, ohne diesen glaubhaft zerstreuen zu können. Einigermaßen zerknirscht macht er sich dennoch tapfer an die Arbeit. Und es kommt, was kommen muss. Tiere scheinen instinktiv zu spüren, wenn ihnen jemand misstraut. Trotzig belagern sie dann genau den! Ganz entspannt klettert Rusty über Dieter Dubbs Kamera auf dessen Rücken und lässt sich auch nicht von seinen »So kann ich nicht arbeiten«- und »Der kratzt ganz schön«-Ausrufen aus der Ruhe bringen. Nicht ohne Kratzspuren auf dessen Rücken zu hinterlassen, steigt Rusty nach einer

Der Wickelbär will's genau wissen.

Kameramann Dieter Dubb
wird belagert.

Rusty bekommt alles auf!

Weile wieder von Dieter, und wir können aufhören, uns um seine Gesundheit zu ängstigen, und anfangen, uns Sorgen um unsere empfindliche Ausrüstung zu machen.

Wickelbären haben nicht nur einen unbändigen Forscherdrang, sie sind auch nicht stubenrein. Erziehungsversuche sind zwecklos, eine Katzentoilette würden sie nie benutzen. Aus erhöhter Warte (in unserem Fall das Kamerastativ) lässt Rusty ungeniert sein beachtliches Geschäft fallen, so wie er es in seinem natürlichen Lebensraum, den Baumwipfeln des Regenwaldes, auch tun würde. Einen Wickelbären kann man nur im Gemütszustand äußerster Gelassenheit halten. Rustys Besitzer Alexander Fritz vermutet, dass neben ihm nur eine Handvoll Menschen bei uns im Land über diese bewundernswerte Gabe verfügen.

»Ich schätze, dass es nur fünf Wickelbären in Baden-Württemberg gibt, und das ist gut so«, versichert er. »Denn eines muss klar gesagt werden: Auch wenn der Wickelbär unglaublich süß ist, er bleibt ein Wildtier, das in die Baumwipfel Südamerikas gehört und nicht auf Sofas. Ich finde es erfreulich, dass er bei uns selten ist.«

Das war nicht immer so. In den 80er-Jahren wurden Wickelbären ganz selbstverständlich in Kaufhäusern verkauft. Damals hat es hierzulande noch viele gegeben. Weil die meisten Tiere aber mittlerweile altersbedingt gestorben sind, Nachzuchten in Gefangenschaft so gut wie nie gelingen, Wickelbären kaum mehr importiert werden und sich mittlerweile rumgesprochen hat, dass der Kleinbär kein Tier für jedermann ist, ist er heute rar.

»Die Leute lassen sich von seinem niedlichen Aussehen täuschen und bedenken nicht, dass er ein unberechenbares Raubtier ist. Seine Laune kann ganz fix von lieb auf extrem aggressiv umschlagen. Mit unangenehmen Folgen. Wird der Wickelbär in freier Wildbahn von einem Ozelot oder Jaguar angegriffen, klammert er sich mit allen vier Pfoten und seinem langen Schwanz an den Gegner und fügt ihm mit seinem Raubtiergebiss und seinen spitzen Krallen furchtbare Wunden zu. Rusty ist die löbliche Ausnahme, er hat noch nie gebissen, weil er mit der Hand großgezogen wurde. Aber man hört immer wieder von Wickelbären, die Menschen oder andere Haustiere anfallen.«

Wer immer noch meint, der Wickelbär sei ein prima Haustier, dem sei gesagt, dass man neben viel Platz, Zuwendung und Nerven auch einen Haufen Geld benötigt: Für die Anschaffung (wenn man überhaupt einen bekommt, blättert man über 1000 Euro hin) und den Unterhalt. Denn der anspruchsvolle Hausgenosse ernährt sich in erster Linie von exotischen, teuren Früchten. Er liebt Mangos, Feigen, Guaven, Papayas oder Ananas und verputzt angeblich bis zu 50 Kilo Bananen im Monat. Aber auch kostspielige Zimmerpflanzen verachtet er nicht und selbst Weihnachtsbäume findet er spannend. Beim Abschmücken ist er gerne behilflich. Den ganzen Blödsinn veranstaltet der Honigbär in der Regel nachts. Tagsüber ist der putzige Baumwipfelbewohner das liebste Haustier, das man sich vorstellen kann. Denn tagsüber schläft er.

Alexander Fritz

In keinem Zoo oder Tiergehege Baden-Württembergs werden Wickelbären gehalten. Wer einen sehen möchte, muss z. B. nach Hessen in den Frankfurter Zoo. Informationen zum Wickelbären bekommen Sie aber von Alexander Fritz unter der E-Mail-Adresse:

alexander@igks.de

Tiefgebaute Landhuhnform auf mittelhoher Stellung

Bergischer Schlotterkamm, Brügger Kämpfer oder Westfälischer Totleger – was sich anhört wie ausgefallene Weinlagen oder belgische Schlägertrupps, sind Hühnerrassen. Und von denen tummeln sich auf unserem Planeten eine ganze Menge: etwa 600 Rassen in den unterschiedlichsten Farben! Die kunterbunte Welt der Haus- und Zierhuhnrassen ist vielfältiger und ausgefallener, als ich gedacht hätte.

Nein, Huhn ist wahrlich nicht gleich Huhn. Es exakt zu bestimmen, ist eine Wissenschaft für sich, und die Sprache der Kleintierzüch-

Ungewöhnliche Federpracht: Haubenhühner

Schon die Küken tragen »Helmchen«.

ter ein unergründliches Mysterium: Von »Vollhaube« und »Federbart« ist da die Rede, von »Tiefgebauter Landhuhnform auf kaum mittelhoher Stellung« und von »Sattelfederwachstum«.

Martin Esterl vom Landesverband der Rassegeflügelzüchter Württemberg hat mich in den Kleintierzüchterverein Westerheim auf die Schwäbische Alb eingeladen. Hier lerne ich, dass Geflügelzüchten kein Hobby, sondern eine eigene Kultur ist, die die außergewöhnlichsten Zierhuhnrassen hervorbringt. Um unsere Füße gackern munter Ruhlaer Zwerg-Kaulhühner, Yokohama Langschwanzhühner, gelockte Zwerg-Paduaner, Sultan-Hühner und, und, und. Eines schöner und ausgefallener als das andere. Ganz vernarrt bin ich in das Seidenhuhn, ein explodiertes Kopfkissen auf zwei Beinen. Aber das wohl auffälligste Huhn in Westerheim ist das Holländische Haubenhuhn. Eine seit Jahrhunderten bekannte Zierrasse, die statt Kamm eine

Tiersteckbrief

Name: Haushuhn (Holländisches Haubenhuhn).

Wissenschaftlicher Name: Gallus gallus domesticus.

Klasse: Vögel.

Familie: Fasanenartige.

Unterart: Haushuhn.

Gewicht: Zwischen 500 Gramm und 3 Kilogramm.

Nahrung: Körner, Insekten, Würmer, Mäuse, Klee, Löwenzahn, Brennnesseln. Fertigfutter für Hühner besteht aus Getreide und eiweißhaltigem Fleischmehl.

Heimisch: Das Haushuhn ist fast überall auf der Welt verbreitet.

Lebensraum: Bei der Stammform Bankivahuhn Wald und Waldsteppen.

Junge: Die Stammform der Hühner, das Bankivahuhn, legt zur Fortpflanzung etwa zwanzig Eier jährlich. Haushühner (Legerassen) können im Jahr circa 250 bis 300 Eier legen.

Alter: Zwischen 5 und 9 Jahre, maximal 15 Jahre.

Gefährdete Art: Nicht gefährdet.

Stattlicher Houdan-Hahn

Haubenhühner sind ruhig und ausgeglichen.

erstaunliche Haube aus Federn zur Schau trägt. Völlig entspannt hüpft das liebenswerte Federvieh auf die Tonangel von Tonkollege Michael Hofer und funktioniert sie kurzerhand zur Hühnerstange um.

»Wie Sie sehen, ist die Rasse sehr zahm, ruhig und ausgeglichen«, grinst Martin Esterl. Uns Züchtern wird immer wieder mal vorgeworfen, die Tiere würden durch ihre Haube nichts sehen und seien degeneriert. Das ist völliger Unsinn. Unsere Tiere sind nicht nur ursprünglich, Padua-Huhn und Haubenhuhn sind sogar archäologisch nachgewiesen, sie verhalten sich auch ursprünglicher als manch anderes Huhn: Mäuse haben hier auf dem Gelände keine Chance, Sie können gar nicht so schnell gucken, wie unsere Haubenhühner Nager jagen und verputzen.«

Und von wegen »dummes Huhn«: Der seltene Exot mit der ungewöhnlichen Federpracht hat einiges unter der Haube. »Sein Gehirn«, so Esterl, »ist größer als das anderer Rassen, das Haubenhuhn ist intelligenter.«

Der Ursprung der Haubenhühner liegt in Russland, erklärt er uns, »dort wurden sie an den Fürstenhöfen gehalten und kamen durch Seefahrer überwiegend nach Holland, das bis heute das Zentrum der Haubenhuhnzucht ist. Alte Holländische Meister haben diese Rasse immer wieder auf ihren Bildern verewigt.«

Halten kann sich so ein Zierhuhn jeder, der genügend Platz und Zeit hat. Denn die exotischen Schönheiten brauchen viel Pflege, nicht nur, wenn es auf Schönheitswettbewerbe geht.

»Bevor wir unser Huhn dem Preisrichter präsentieren, waschen wir seine Haube, damit die schön luftig-locker wird«, sagt Esterl, packt eins und hält dessen Kopf unter den warmen Wasserhahn der Vereinsheimküche, shampooniert die Federpracht ordentlich und frottiert sie anschließend. Noch an der Luft trocknen lassen, fertig ist das frischgewaschene Haubenhuhn. Das schaut noch ein bisschen bedröppelt aus der Wäsche, aber keineswegs unzufrieden.

»Unsere Hühner fühlen sich bei der Wäsche sauwohl, schließlich werden sie dadurch von Ungeziefer befreit. Weil ein Haubenhuhn aufwendiger zu halten ist, ist es vermutlich auch nicht so verbreitet wie andere Rassen.«

Der extravagante Kopfschmuck der Paduaner-Henne

Aber wie jede andere Rasse legt es natürlich Eier. Daraus schlüpfen, wie bei jedem anderen Huhn, nach 21 Tagen niedliche Küken. Mit einem Unterschied: Wenn diese aus dem Ei klettern, haben sie was auf dem Kopf: winzige, entzückende Federhelmchen.

Landesverband der Rassegeflügelzüchter

Alles über Haubenhühner und Züchter in Ihrer Nähe erfahren Sie vom Landesverband der Rassegeflügelzüchter.

Kontakt
Landesverband der Rassegeflügelzüchter Württemberg und Hohenzollern e. V.
Martin Esterl
Meisenweg 23
72589 Westerheim
E-Mail: Martin.Esterl@t-online.de
Internet: www.lvrgw.de

Von salzigen Tränen und bitterer Suppe

Der Traum vieler Taucher: Einmal einer Meeresschildkröte in die unergründlichen Augen blicken. Dafür musste man bisher weit reisen, denn der schwimmende Kosmopolit ist im Mittelmeer, in allen tropischen und subtropischen Meeren zu Hause. Doch seit 2007 plantschen die urtümlichen Reptilien auch am Schwäbischen Meer, im Sea Life in Konstanz. Bedächtig paddeln dort die einzigen Grünen Meeresschildkröten im ganzen Land, Clementine und Amadeus, in einem riesigen Acrylglastunnel über den Köpfen der Besucher. Die beiden vom Sea Life in England an den Bodensee zu bringen, war gar nicht einfach.

»Ein Schildkrötentransport ist eine Wissenschaft für sich«, erklärt mir Kurator Paul Müller, der seine Schützlinge auf der zehnstündigen Transporterfahrt begleitet hat. »Wir mussten darauf achten, dass die Tiere

In allen tropischen Meeren zu Hause

Ein Weibchen legt rund 100 Eier.

konstant 23 Grad Körpertemperatur hatten. Eine dicke Schicht Vaseline hat sie vorm Austrocknen und vor Verletzungen geschützt, die wurde dann mit Hundeshampoo wieder runtergeschrubbt, bevor wir sie hier ins Aquarium gesetzt haben.«

Dort haben sich die anmutigen Schwimmer gut eingewöhnt. Sobald Paul Müller mit dem Futtereimer anrückt, kommen die Vegetarier sofort hinter die Kulissen des Aquariums und recken ungeduldig ihre hungrigen Schnäbel aus dem Wasser. Zutraulich lassen sie sich von uns mit Brokkoli und Salat füttern. Alles bio, versteht sich. In den Meeren der Welt weidet das Panzertier hauptsächlich auf Seegraswiesen. Aber der bedrohte Exot wird leider auch gerne verspeist, weshalb man ihm den unschmeichelhaften Namen »Suppenschildkröte« verpasst hat. Weil er lange ohne Nahrung auskommt, nahmen Seefahrer ihn als »lebende Konservendose« mit auf große Fahrt. Unerbittlich hat man ihn wegen

Tiersteckbrief

Name: Grüne Meeresschildkröte, auch Suppenschildkröte.

Wissenschaftlicher Name: Chelonia mydas.

Ordnung: Schildkröten.

Familie: Meeresschildkröten.

Art: Grüne Meeresschildkröte.

Größe: Bis zu 140 cm lang.

Heimisch in: Weltweit in allen tropischen und subtropischen Meeren und im Mittelmeer.

Lebensraum: Offene See, küstennahe Gebiete. Wichtige Brutgebiete finden sich an der türkischen Mittelmeerküste, auf Inseln im Südatlantik, auf Hawaii und an der Küste Nordwestaustraliens.

Anzahl Junge: Etwa 100 Eier pro Gelege.

Nahrung: Seegras, Algen, als Jungtier auch kleine Krebse und andere Meerestiere.

Tag-/Nachtaktiv: Tagaktiv.

Lebenserwartung: Etwa 50 Jahre.

Gefährdete Art: Vom Aussterben bedroht. Seit 1988 steht sie durch das Washingtoner Artenschutzabkommen unter internationalem Schutz. Die Art konnte sich bis heute aber nicht stabilisieren. Steht auf der Roten Liste gefährdeter Arten der Weltnaturschutzunion (IUCN).

Seit 200 Millionen Jahren in unseren Meeren unterwegs

Meeresschildkröten sind anmutige Schwimmer.

Clementine frisst mir aus der Hand.

seines Fleisches und seiner Eier gejagt. Schildkrötensuppe gehörte bald zu den international gefragtesten Gerichten der Haute Cuisine, und noch heute liebt man das Tier in Asien und in der Karibik: als Delikatesse! Die Gier auf Schildkröten-Leder und Schildpatt erledigte den Rest.

Seit 200 Millionen Jahren schwimmen die faszinierenden Reptilien unbehelligt durch die Meere. Sie haben die Dinos überlebt und und was keine Naturkatastrophe auzurichten vermochte, erledigte der Mensch in wenigen Jahren: Er rottete die Tiere fast aus. Heute stehen sie zwar unter strengem Artenschutz, trotzdem landen sie immer noch in den Fangnetzen der Fischer oder in Suppenschüsseln.

»Ein weiteres Problem könnte die jüngste Klimaerwärmung wer-

den«, gibt der Kurator zu bedenken, während Clementine ihm genüsslich ein Salatblatt aus der Hand rupft. »Zur Fortpflanzung gehen die Weibchen für wenige Stunden an Land und verbuddeln etwa 100 tischtennisballgroße Eier an den Sandstränden. Diese werden dann dort von der Sonne ausgebrütet. Die Temperatur während des Ausbrütens bestimmt das Geschlecht der Tiere. Bei 28 Grad schlüpfen nur Männchen, bei 32 Grad Weibchen. Wenn es jetzt konstant immer wärmer wird, kommen irgendwann nur noch Weibchen zur Welt. Das endgültige Aus für die Art.«

Lange war es ein sagenumwobenes und viel besungenes Mysterium, warum Mama Schildkröte bei der Eiablage dicke Tränen vergießt. Die wenig romantische Erklärung: Die Tränen schützen ihre Augen vor dem Austrocknen. Wenn sie aber ahnen würde, welches Schicksal ihre Kleinen zwei Monate später erwartet, hätte sie allen Grund zum Heulen: Kaum strecken die winzigen noch weichen Mini-Turtles ihre Köpfchen aus ihrem sandigen Nest, beginnt das große Fressen. Möwen, Ratten, Kojoten und Waschbären warten schon am reichlich gedeckten Tisch und fangen die schutzlosen Krötchen auf ihrem Weg ins Meer ab. Von 1000 Jungtieren erreicht statistisch gesehen nur ein einziges die Geschlechtsreife.

Ob es hier am Bodensee einmal Nachwuchs geben wird, ist ungewiss. Clementine und Amadeus sind erst vier Jahre alt und ganz schöne Spätzünder. Meeresschildkröten werden erst mit 11 bis 15 Jahren geschlechtsreif, und noch weiß keiner, ob die beiden überhaupt Mann und Frau sind. Eine Sensation wären Meeresschildkröten-Babys am Bodensee allemal. Auch wenn sie dann nur hier in Gefangenschaft ihre Runden paddeln, wären sie doch erstklassige Botschafter für ihre bedrohten Artgenossen. Und im Gegensatz zu ihnen müssten die »Bodensee-Meeresschildkröten« nicht um ihr Leben fürchten.

Sea Life Konstanz

Die einzigen Meeresschildkröten in ganz Baden-Württemberg, Clementine und Amadeus, können Sie im Sea Life Konstanz zusammen mit Schwarzspitzenriffhaien, Muränen und vielen weiteren Meeresbewohner aus unmittelbarer Nähe beobachten.

Öffnungszeiten
Juli bis 7. September (täglich) 10 bis 19 Uhr. Mai bis Juni und ab 8. September bis Oktober (täglich) 10 bis

18 Uhr. November bis April (Montag bis Freitag) 10 bis 17 Uhr. Samstag, Sonntag, Feiertage und während der Ferien in Baden-Württemberg 10 bis 18 Uhr. Letzter Einlass jeweils eine Stunde vor Schluss.

Heiligabend geschlossen.

Kontakt
Sea Life Konstanz
Hafenstraße 9
78462 Konstanz
Telefon (0 75 31) 1 28 27-0
Internet: www.sealifeeurope.com

Silberpfeil und die Sache mit der Würstchenbude

Wildhüter und Falkner Wolfgang Weller sagt von sich, dass er einen Vogel hat. Das stimmt nicht. Genau genommen hat er etwa dreißig: majestätische Falken, Bussarde, Adler und Eulen, die normalerweise in spektakulären Flugshows im Wildparadies Tripsdrill oder auf der Burg Neuffen die Zuschauer beeindrucken. Jetzt werden sie in Hagkling bei Gschwend vor Wellers Hof auf einer großen Wiese trainiert. Hier im Welzheimer Wald züchtet er die Raubvögel und bildet sie aus. Kein leichter Job, für den er jede Menge Geduld braucht, denn Greifvögel lassen sich nur schwer zähmen.

»Bei der Jagd beziehungsweise bei der Vorführung landet das Tier auf meiner Hand, also muss es erst mal daran gewöhnt werden, dort ruhig sitzen zu bleiben«, erklärt mir Deutschlands letzter berittener Falkner, während er mir einen dicken Handschuh über-

Wolfgang Weller und ein Teil seiner »Bande«

Etwas zauselig: Raubvogelküken

ihn an einer Leine Meter für Meter immer weiter von mir weg, locke ihn mit Fleisch zurück, bis er schließlich eines Tages fortfliegt und freiwillig zu mir zurückkommt. Bis dahin gehen Monate ins Land.«

Gespannt sitze ich auf Wellers Pferd, strecke die Hand samt Köder aus und warte auf Lannerfalke Sultan, der sich schon über unseren Köpfen in die Luft erhoben hat. Sein Anblick lässt mich träumen: »Der Inbegriff von Freiheit«, seufze ich. Worauf Weller lacht: »Von wegen große Freiheit! Dem Falken stinkt das Jagen, denn für ihn bedeutet es harte Arbeit. Ein Falke tut nichts ohne Grund, er

zieht. »Zuerst muss ich den Jungvogel ›abtragen‹, ihn mehrere Stunden täglich mit mir rumschleppen, damit er sich an mich gewöhnt. Dann lasse ich

Falken sind exzellente Jäger.

Tiersteckbrief

Name: Falken.

Wissenschaftlicher Name: Falco.

Ordnung: Greifvögel.

Gattung: Falken.

Größe: Je nach Art und Geschlecht (Weibchen sind größer als Männchen) zwischen 20 cm Körperlänge und 50 cm Flügelspannweite (Buntfalke) bis zu 58 cm Körperlänge und 129 cm Spannweite (Würg-, Wanderfalke).

Heimisch in: Die verschiedenen Falkenarten sind auf der ganzen Welt verbreitet.

Lebensraum: Parks, Felder, Wälder, Wüsten, Hochgebirge, Flusstäler, Steppen.

Anzahl Junge: Vier bis fünf Eier.

Nahrung: Säugetiere, Vögel, Reptilien, Amphibien und größere Insekten.

Tag-/Nachtaktiv: Tagaktiv.

Lebenserwartung: In freier Wildbahn etwa 10, in Menschenobhut bis zu 25 Jahre.

Gefährdet: Zum Teil stark gefährdet, der Wanderfalke war zum Beispiel Ende der 60er-, Anfang der 70er-Jahre in Deutschland fast ausgestorben. Wird in der Roten Liste der bedrohten Tierarten als stark gefährdet geführt.

Name: Uhu.

Wissenschaftlicher Name: Bubo bubo.

Ordnung: Eulen.

Art: Uhu.

Größe: 60 bis 70 cm, Flügelspannweite 150 bis 180 cm.

Heimisch in: Portugal, Spanien, Südfrankreich, Südalpen, im Apennin, auf dem Balkan, Skandinavien, Russland, Japan, Finnland, Indien, vom nördlichen Afrika bis in den Niger und den Sudan.

Lebensraum: Ebenen, Hochgebirge, Steppen, Wälder, Wüsten.

Anzahl Junge: Zwei bis fünf Eier.

Nahrung: Käfer, Frösche, Mäuse, Hasen, Marder, Wiesel, Fische, Schlangen, Falken, Bussarde, kleine Eulen, kleine Füchse, Fledermäuse. Der Uhu jagt 110 verschiedene Säugetier- und 140 Vogelarten.

Tag-/Nachtaktiv: Dämmerungs- und nachtaktiv.

Lebenserwartung: 25 bis 30 Jahre. In Menschenobhut wurde ein Uhu 68 Jahre alt.

Gefährdet: Der Uhu, auch er steht in der Roten Liste, war in Deutschland fast ausgerottet. Heute ist er in vielen Gegenden wieder ausgesetzt worden und hat sich vermehrt, so dass er nicht mehr ganz selten ist.

Kameramann Detlev Tietz
setzt uns in Szene.

lebt sehr effizient. Seine stärkste Triebfeder ist der Hunger. Ist er satt, wird er kaum da oben rumfliegen. Mein Falke Silberpfeil hat sich bei einer Flugvorführung mal aus dem Staub gemacht und sich auf dem Dach einer Würstchenbude häuslich niedergelassen. Wieso mühselig selbst Tauben fangen, wenn's hier die Wurst ohne die leiseste Anstrengung frei Schnabel gibt? Der Budenbesitzer hat irgendwann bei mir angerufen und gefragt, ob das eigentlich mein Vogel sei, der sich bereits seit einer Woche auf seine Kosten den Bauch vollschlägt, und ob ich die Güte hätte, den Schmarotzer mal wieder abzuholen. In der ganzen Zeit ist der faule Hund keinen Meter geflogen.«

Mit atemberaubender Geschwindigkeit prescht Sultan heran und lässt sich zielsicher auf das tote Küken in meiner Hand fallen. Falken sind exzellente Jäger und der Wanderfalke darf sich schnellstes Tier der Welt

nennen: Im so genannten Steilstoß stürzt er sich mit 320 Sachen auf seine Beute.

»In freier Wildbahn müssen die Jungen das Jagen von den Alten erst lernen. Mama Falke fliegt mit dem Fang über dem Nachwuchs, lässt den Happen fallen und hofft, dass die Kleinen ihn fangen. Papa Falke fliegt unter ihnen zur Kontrolle mit. Verfehlt das Junge die Beute, schnappt sich der Partner das Futter, steigt auf und lässt es wieder fallen. So lange, bis es die Kleinen kapiert haben. Bei mir lernen sie das Jagen mit dem so genannten Federspiel: eine Beuteattrappe, die ich an einer Leine über mir durch die Luft schleudere und auf die sich die Tiere stürzen«, erklärt der Falkner.

Mit dem Training beginnt Weller, wenn die Jungtiere zwei Monate alt, also ausgewachsen sind. Bis dahin heißt es weitere Elternpflichten übernehmen: Mehrmals täglich muss er den etwas zauseligen Küken frisches Taubenfleisch in die Schnäbel stopfen. So gewinnen sie zum Falkner Vertrauen und lassen sich später leichter abrichten.

Auch Uhu Susi wurde von Wolfgang Weller mit der Hand aufgezogen. Deshalb können den sonst recht gefährlichen Nachtraubvogel selbst kleine Kinder streicheln. Bei keiner seiner Vorführungen darf die treue Begleiterin mit dem hypnotischen Blick fehlen. Fasziniert streiche ich Susi übers Gefieder. In freier Wildbahn schlägt die »Königin der Nacht«

Ich versuche mich als berittener Falkner.

von Maus, Igel, Hase, Fasan bis zum Fuchswelpen alles. Wegen der ähnlichen Lebensweise haben Zoologen sie lange den Greifvögeln zugeordnet, die größte Eule der Welt steht aber den Nachtschwalben nahe.

Ganz verliebt balzt Susi Wolfgang Weller an. »Weil sie von mir aufgezogen wurde, glaubt sie, wir seien alle ihre Artgenossen und sie sei ein Mensch.«

Wenn man tief in ihre unergründlichen, weisen Augen schaut, könnte man das auch fast meinen.

Wildparadies Tripsdrill

An den Greifvogelflugshows und Raubtierfütterungen (Bären, Geier, Wölfe) mit Wolfgang Weller können Sie im Wildparadies Stromberg teilnehmen. Sie beginnen in den Ferien um 14.30 Uhr beim Wolfsgehege.

Öffnungszeiten
15. März bis 2. November täglich ab 9 Uhr geöffnet. Außerhalb der Saison an Wochenenden, Ferien- und Feiertagen von 9 bis 17 Uhr.

Kontakt
Wildparadies Tripsdrill
74389 Cleebronn

Telefon (0 71 35) 99 99
Internet: www.tripsdrill.de

Wolfgang Weller

Wolfgang Weller und seine Raubvögel kann man auch außerhalb des Wildparadieses Tripsdrill zum Beispiel auf der Burg Neuffen im Kreis Esslingen erleben.

Kontakt
Wolfgang Weller
Hagkling 16
74417 Gschwend
Telefon (01 73) 6 55 62 81
Internet:
www.falkner-wolfgang-weller.de

Schuppiger Schnecken-
knacker im Kroko-Look

Nur wenige Menschen wissen, was ein Krokodilteju ist. Das ist nicht weiter verwunderlich, denn in ganz Deutschland sind gerade mal drei dieser höchst seltenen Tiere öffentlich zu bestaunen. Eins in Leipzig. Und zwei beeindruckende Exemplare hier im Vivarium des Naturkundemuseums in Karlsruhe.

Noch hängen die beiden Exoten höchst gelangweilt und schläfrig in den Ästen rum. Was sich aber schlag-artig ändert, als Hannes Kirchhauser vor ihrem Aquaterrarium aufkreuzt. Denn mit Hannes, dass wissen die beiden Echsen genau, erscheinen schließlich auch all die köstlichen Schnecken und Muscheln. Der Viva-riumsleiter öffnet die Frontscheibe und sofort beginnt es im dichten Blattwerk zu rascheln und zu rumo-ren.

Eilig kraxelt »Frau« Krokodilteju vom Ast. Mit der entschlossenen

Krokodiltejus gibt es nur in Karlsruhe und Leipzig.

Eine Echse im Kroko-Look

Tiersteckbrief

Name: Krokodilteju.

Wissenschaftlicher Name:
Dracaena guianensis.

Klasse: Reptilien.

Familie: Schienenechsen.

Art: Krokodilteju.

Größe: Bis zu 1,40 m.

Heimisch in: Brasilien, Kolumbien, Ecuador, Peru und Französisch-Guayana. Er scheint auch in Surinam und Guyana heimisch zu sein, das ist allerdings nicht sicher.

Lebensraum: Sumpfige, unter Wasser stehende Gebiete oder Wälder. Auch vegetationsreiche Altarme von Flüssen und vor allem die Mündungsarme des Amazonas werden besiedelt.

Anzahl Junge: Wie viele Eier ein Weibchen legt, ist nicht bekannt.

Nahrung: Primär Gehäuseschnecken, aber auch Muscheln, kleine Krebstiere, selten Insekten.

Tag-/Nachtaktiv: Tag- und dämmerungsaktiv.

Lebenserwartung: Da noch wenig über Krokodiltejus in freier Natur bekannt ist, weiß man auch nicht genau, wie alt sie werden. Man schätzt bis zu 20 Jahre.

Gefährdete Art: Die Art ist geschützt, das heißt, sie steht unter Anhang II des Washingtoner Artenschutzabkommens. Gefährdet durch die fortwährende Umweltzerstörung und Umweltverschmutzung.

Gangart eines Schlägers tappt sie breitbeinig in unsere Richtung, lässt sich ein wenig plump ins Wasser gleiten, schwimmt unerschrocken zu uns und stützt fordernd ihre stämmigen Vorderbeine auf den Scheibenrand. Dabei lässt sie ununterbrochen ihre verblüffend lange, gespaltene Zunge vor- und zurückschnellen, was aussieht, als würde sie einen kleinen feuchten Fisch ausspucken und sofort wieder zurück ins Maul ziehen. Mit dem »kleinen feuchten Fisch« versucht sie den Geruch der lebenden Muscheln und Schnecken aus der Luft zu schmecken, die ihr Hannes Kirchhauser jetzt vors Maul hält.

Warum er das mit dicken Arbeitshandschuhen und einer langen Pinzette tut, geht mir recht schnell auf. Mit einem schaurigen »Knack« zermalmt die Echse knirschend das harte Schneckenhaus samt Inhalt. Ein Riesenschlamassel aus zerquetschter Schale und zerdrücktem Weichtier mischt sich in ihrem ausladenden Maul und ich frage mich, wie sie es schaffen will, Genießbares von Ungenießbarem zu trennen. Sorgfältig und äußerst geschickt sortiert ihre Fisch-Zunge dann aber tatsächlich störende Schalensplitter aus und sabbert sie uns vor die Füße.

»Der Krokodilteju hat keine Zähne«, erklärt mir der Biologe schmunzelnd, »aber äußerst wirkungsvolle Mahlplatten. Da sollte man seine Finger besser nicht dazwischen bekommen. So spielend leicht, wie unser Freund hier selbst harte Muschelschalen knackt, zermalmt er auch Gliederknochen.« Selbst wenn es das ausgesprochen friedliche Tier sicher nicht mit Absicht tun würde, macht das im Ergebnis leider keinen Unterschied.

Während seine bessere Hälfte bereits die neunte Achat-Schnecke laut krachend zermatscht und runterwürgt, wagt sich jetzt auch der wesentlich kleinere, rotgesichtige »Herr« Teju vorsichtig an den gedeckten Tisch. Ungeduldig bezüngelt er die

Wie ein kleiner feuchter Fisch: die Teju-Zunge

schneckengeschwängerte Luft, nähert sich behutsam der beladenen Pinzette, um von Madame sofort ordentlich angeschnauzt zu werden. Keine Frage, hier hat eindeutig *sie* die Hosen an! Erst als seine gefräßige Partnerin mit schneckengefülltem Magen abzieht, darf auch er sich den Bauch vollschlagen.

Wie sie so elegant durch das Wasser davongleitet, wird deutlich, warum die Echse *Krokodil*teju heißt: Weil sie, von oben betrachtet, wie ein Krokodil aussieht. Das Kriechtier ist ein fabelhafter Blender. Es gibt vor, etwas anderes zu sein, als es ist. Ein weitverbreiteter Zug unter Menschen, mit dem sich selbige Vorteile und Zuneigung erschleichen wollen. Der Echse rettet die raffinierte Täuschung schlicht die Haut. Ihr Krokodil-Look wird Mimikry genannt. Diese Nachahmung und Vorspiegelung falscher Tatsachen klappt, wie mir der Biologe versichert, bestens.

»Die meisten Feinde machen respektvoll kehrt, wenn sie auch nur in die Nähe des harmlosen Tieres kommen. Die erschrecken und denken: Oh, da schwimmt ein lebensgefährlicher Kaiman, da halte ich mich lieber mal fern und ziehe schnell wieder Leine. Dabei ist der Teju ein absolut friedfertiger Genosse.«

Ich vermute, Schnecken und Muscheln sehen das anders.

Da die ungewöhnlichen Reptilien ein sehr heimliches Leben führen, weiß man nur wenig über sie. Gut

Hannes Kirchhauser bei der Fütterung

versteckt dümpeln sie in den Sumpfgebieten des Amazonas vor sich hin. Dort, wo der Boden so morastig und unpassierbar ist, dass sich keine Menschenseele hinverirrt. Oder sie verbergen sich in Bäumen und Büschen. Die spärlichen Erkenntnisse, die man über den Teju gewonnen hat, stammen aus der Haltung in Gefangenschaft. Hier begeistern die Echsen als fantastische Schwimmer und Taucher.

»Unsere Krokodiltejus bleiben über 10 Minuten unter Wasser. Jeden Menschen würde das umbringen, aber die Echsen können so lange die Luft anhalten«, erklärt uns der Vivariumsleiter ein bisschen stolz. Wie sie

Muss man gesehen haben:
den Riesensalamander

sich vermehren, hat aber selbst er noch nie gesehen. »In freier Natur reißt das Weibchen angeblich mit seinen langen scharfen Krallen Termitenbauten auf und legt darin seine Eier ab. Wir haben unserer Madame eine hübsche Höhle gebaut und hoffen, dass sie sie nutzt.«

Weil Krokodiltejus nicht exportiert werden und Nachzuchten in Gefangenschaft sehr heikel sind, ist die Echse so selten. Wer weiß, vielleicht klappt's ja in Karlsruhe mit dem Nachwuchs. Eine Sensation wäre es!

Vivarium im Staatlichen Museum für Naturkunde Karlsruhe

Die extrem seltenen Krokodiltejus gibt es nur einmal in ganz Baden-Württemberg zu bestaunen: im Vivarium im Staatlichen Museum für Naturkunde in Karlsruhe. Weitere Attraktionen sind dort die prächtigen Korallenaquarien, die seltene Schwarzkopfpython und vor allem der Riesensalamander, das Wappentier des Museums. Den größten lebenden, 12 (!) Kilo schweren Lurch sollten Sie sich nicht entgehen lassen.

Öffnungszeiten
Dienstag bis Freitag 9.30 Uhr bis 17 Uhr, Samstag und Sonntag 10 Uhr bis 18 Uhr. Montags geschlossen.

Kontakt
Vivarium im Staatlichen Museum für Naturkunde
Erbprinzenstraße 13
76133 Karlsruhe
Telefon (07 21) 1 75-21 11
Internet:
www.naturkundemuseum-karlsruhe.de

Wo's Würstchen verschwindet, ist vorne

Wer mit einem Puli Gassi geht, muss mit offenen Mündern, größeren Menschenansammlungen und verrenkten Hälsen rechnen. Einen ungarischen Hirtenhund sieht man schließlich nicht alle Tage. Der Puli ist so was wie der junge Paul Breitner unter den Hunden: erstklassiges Ballgefühl, offensiver Verteidiger, große Lauffreudigkeit und eine unglaubliche Matte! Dreadlocks auf vier Pfoten – Bob Marley wäre vor Neid erblasst.

Nur etwa 600 der wandelnden Bettvorleger gibt es in Deutschland. Je jünger so eine Rarität, desto kürzer ist ihr Fell, der ausgewachsene Vorzeigepuli schleift sein Haar bodenlang

Bildschöne Langhaarbande

über Wiesen und Wege. Seine dekorativen Haarschnüre, Zotten genannt, entstehen durch Verfilzen. Damit die sich aber nicht zu undurchdringlichen Platten verknoten, müssen die Haarspitzen regelmäßig auseinandergezogen, also »gezottet« werden. In der ungarischen Puszta übernehmen diesen Job Dornenhecken, hier bei Ulm muss Frauchen Theresa Sonntag ran.

»Die Zotten fallen nur am Stück aus«, erklärt mir die Züchterin aus Senden an der Iller, während uns ihre Langhaar-Bande um die Füße wuselt und um unsere Gunst eifert. »Ein Puli haart also nicht so wie andere Hunde und ist teilweise sogar für Allergiker geeignet. Seine dichte Wolle schützt ihn in seiner Heimat Ungarn vor Hitze, Kälte und Gestrüpp. Manche Leute behaupten, unsere Hunde könnten wegen der verhangenen Augen nichts sehen, aber das ist Unsinn. Die Haare müssen lang bleiben, sonst tränen dem Puli die Augen.«

Mir fällt es ein bisschen schwer, überhaupt auszumachen, wo bei dem Puszta-Zottel vorne und hinten ist.

»Ganz einfach«, lacht Frauchen und fordert mich auf, einem ihrer Lieblinge Leckerli zu geben. »Sehen Sie, dort, wo das Würstchen verschwindet, ist vorne.«

Puli-Schönheit Csalfa vom Felsenmeer

Ohne »Vorhang« würden Pulis die Augen tränen.

Dankbar legt mir Piroschka von Domingo ihre Schnauze auf den Oberschenkel, und ich streichle ihr markantes Fell.

»Kann man mit der Wolle etwas anfangen?«, möchte ich wissen.

»Bei uns im Club gibt es eine Frau, die strickt aus Pulihaaren Pullover und verkauft sie. Ich mache aus dem Fell meiner Hunde hin und wieder sehr schöne Webbilder.«

Kaum zu glauben, aber der Treib- und Hütehund Ungarns gehört zu den ältesten Hunderassen. Schon 4000 vor Christus hat das Langhaar im alten Mesopotamien (heute Süd- anatolien, Syrien, Irak) Schaf- und Rinderherden gehütet. Das belegen Grabbeigaben, die man im National- museum von Bagdad besichtigen kann. Zur Zeit der großen Völker- wanderungen kam der zottelige Ge- fährte mit den Herden nach Ungarn, wo er sich zum Nationalhund mau- serte. Dann kam der Zweite Welt-

Tiersteckbrief

Name: Haushund (Puli).
Wissenschaftlicher Name: Canis lupus familiaris.
Familie: Hunde.
Art: Wolf.
Unterart: Haushund.
Klassifikation: Hüte- und Treibhun- de (Gruppe 1). Schäferhunde (Sek- tion 1).
Größe: Idealstockmaß bei Rüden 41 bis 43 cm, bei Hündinnen 38 bis 40 cm.
Herkunft: Ungarn. Wie der Komon- dor wurde der Puli von Nomaden aus dem Orient nach Ungarn ge- bracht. Seinen Ursprung hatte er vermutlich in Tibet und Nordin- dien.
Lebensraum: Früher weite Tiefebe- nen.
Anzahl Junge: Bis zu sieben.
Lebenserwartung: 14 bis 16 Jahre. Man hört aber auch von 18-jährigen und noch älteren Pulis.
Gefährdete Art: Selten, aber nicht gefährdet.

krieg, und deutsche und russische Soldaten knallten hunderte von wach- samen Pulis ab, die Haus und Hof verteidigen wollten. Die Hungersnot erledigte den Rest. 1948 wurde mit ein paar verbliebenen Tieren wieder gezüchtet, aber es dauerte gut 12 Jah- re, bis der Puli in Ungarn wieder so

Puliwelpen: lockig wie kleine Schafe

ein ganzes Jahresgehalt hingeblättert haben. Heute kostet ein niedlicher Welpe, der ein bisschen an ein kleines Schaf erinnert, 900 Euro.

Auf einen schwarzen Puli muss man jahrelang warten, weiße sind noch schwerer zu bekommen. Nicht nur hier in Senden, in ganz Deutschland. Denn die anhänglichen und quicklebendigen Familienhunde sind begehrt. Sie bewachen mutig ihre Familie, sind kinderlieb, äußerst gelehrig und beim Gassigehen jagen sie keinem Hasen hinterher. Puli-Kenner sind sich einig: Wer einmal einen Puli hatte, will keinen anderen Hund mehr. Erfüllte früher das gelockte Kerlchen wider Erwarten dann doch mal nicht die Anforderungen seines Hirten, wurde es abgegeben – und zum Hund degradiert. Das Schlimmste, was ihm passieren konnte! Schließlich weiß jeder in Ungarn: Ein Puli ist kein Hund. Ein Puli ist ein Puli.

verbreitet war wie vor dem Krieg. Die Ungarn lieben ihren tüchtigen Puli und haben ihm auf Briefmarken ein Denkmal gesetzt. Hirten sollen für den erstklassigen Hütehund früher

Theresa Sonntag

Informationen über den Puli erhalten Sie bei der Züchterin Theresa Sonntag, der Vorsitzenden der Landesgruppe Bayern und Baden-Württemberg im Deutschen Puli Klub.

Kontakt
Theresa Sonntag
Flurweg 15
89250 Senden
Telefon (0 73 07) 46 30

Schlauer Schütze mit sagenhafter Spuckkraft

Fressen und gefressen werden ist grausames Naturgesetz. Auch wenn es uns nicht gefällt, lauern überall im Tierreich hungrige Mäuler auf ahnungslose Opfer. Dennoch beeindrucken sie oft mit sagenhaften Jagdmethoden. Mit Schnelligkeit, Präzision oder Raffinesse. Der wunderschöne Gepard verfolgt sein Mittagessen mit 120 Sachen, der elegante Wanderfalke lässt sich mit rasanten 320 (!) Stundenkilometern auf seine Beute fallen. Superlative, die fast banal wirken, im Vergleich zu den spektakulären Jagdtricks eines Tieres, dem man sein Können weder ansieht, noch zutraut: einem unscheinbaren Fisch!

Sein länglicher Körper sieht aus, als hätte ihn jemand seitlich zusammengedrückt, das schräg nach oben gerichtete Maul verleiht ihm einen leicht trotzigen Ausdruck. Gleichgültig dümpelt er durch sein Aquarium im Vivarium des Naturkundemuseums Karlsruhe und glotzt uns aus teilnahmslosen Augen an. Was sich augenblicklich ändert, als Vivariumsleiter Hannes Kirchhauser die Scheibe öffnet. Noch während Nico Wöhrmann seine Kamera vor dem Aquari-

Der Schützenfisch kann den Brechungswinkel »berechnen«.

um aufbaut, trifft ihn unvermittelt eine Wasserfontäne. Hannes Kirchhauser, der mit Heimchen ausgerüstet hinter ihm wartet, lacht:

»Der clevere Kerl hat blitzschnell spitzgekriegt, dass ich Futter für ihn habe, und hat gleich mal losgelegt.«

»Loslegen« heißt: Der Brackwasserfisch hat »meinen« Kameramann frech bespuckt. Sie haben richtig gelesen: *bespuckt!* Er hat ihn zwar nicht persönlich gemeint, denn eigentlich wollte er die Heimchen des Biologen treffen, seine kleine Attacke bleibt im Ergebnis aber nicht minder faszinierend. So unglaublich es klingt, die

Heimchen, eine Grillenart, lassen ihm buchstäblich das Wasser im Munde zusammenlaufen: Der Fisch schießt sich Insekten, weshalb er den schönen Namen Schützenfisch trägt!

Manchmal fallen ihm die schusseligen Sechsbeiner von alleine vors Maul. Aber viel zu oft hocken die verlockenden Köstlichkeiten unerreichbar auf den Uferpflanzen rum. Also taxiert der Mangrovenbewohner Richtung und Entfernung und schießt Fliegen, Ameisen, ja, selbst kleine Eidechsen mit einem scharfen, gezielten Strahl von den Blättern. Dazu stellt er sich steil auf, drückt seine Zunge an den Gaumen und presst durch Zusammendrücken der Kiemendeckel Wasser aus dem leicht geöffneten Maul. Mit seiner ausgefeilten Schusstechnik trifft er selbst in drei Metern Entfernung noch winzig kleine Insekten! Würde man das ins Verhältnis zur Körpergröße eines Menschen stellen, müsste dieser 35 Meter weit spucken.

Doch damit nicht genug! Der Meisterschütze ballert seine Beute auch noch mit maßgeschneidertem Kaliber von den Beinchen. Lange dachte man, dass er seine Mahlzeiten mit immer gleicher Wucht von den Blättern pfeffert. Um Energie zu sparen, passt er die Wassermenge seines Strahls aber präzise an die Größe des jeweiligen Opfers an. Schließlich ist

Tiersteckbrief

Name: Schützenfisch, auch Spritzfisch.
Wissenschaftlicher Name: Toxotes jaculatrix (bekannteste Art).
Unterklasse: Strahlenflosser.
Ordnung: Barschartige.
Art: Schützenfisch.
Größe: Länge bis 30 cm.
Heimisch in: Süd-Asien, Indien, Thailand, Philippinen, Neuguinea über Australien bis Polynesien.
Lebensraum: Flussmündungen mit starkem Uferbewuchs, Mangrovenwälder, selten küstennahe Meeres-Regionen.
Anzahl Junge: 20 000 bis 150 000 Eier.
Nahrung: Insekten, Garnelen, kleine Fische und andere kleine Tiere.
Tag-/Nachtaktiv: Tagaktiv.
Lebenserwartung: Bis 7 Jahre.
Gefährdete Art: Nicht gefährdet.

ein großer Wasserstrahl aufwendiger zu produzieren als ein kleiner. Forscher fanden zudem heraus, dass der Schützenfisch die Fähigkeit, mit angepasster Feuerkraft zu spritzen, auch dann nicht verlernt, wenn er zwei Jahre lang kein Insekt zu den Fischen geschickt hat.

»Was für eine unglaublich verrückte Jagdmethode«, begeistert sich Hannes Kirchhauser, während ihm sein talentierter Freund mit beeindru-

Der Wilhelm Tell der Fische

ckenden Salven die Heimchen von der Pinzette katapultiert. »Sie müssen bedenken, dass der Fisch auch noch rechnen muss! Seine Augen befinden sich unter der Wasseroberfläche, das Objekt seiner Begierde aber darüber. Es erscheint ihm also verzerrt. Folglich muss er bei seinem Schuss die nicht unerhebliche Lichtbrechung des Wassers mit einkalkulieren. Eine Fähigkeit, die er erst erlernen muss. Wenn wir junge Fische hier haben, sind sie lange nicht so treffsicher wie die alten. Erst mit zunehmendem Alter lernen sie, Fliegen und Heimchen gekonnt ins Jenseits zu befördern.«

Obwohl die Krabbler unterschiedlich groß und schwer sind, sie nach dem Abschuss also alle ein anderes Flugverhalten zeigen, benötigt der Schützenfisch eine läppische Zehn-

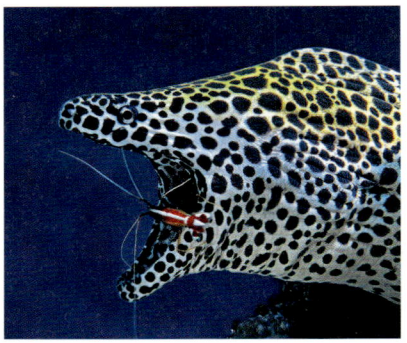

Weitere Attraktion im Karlsruher Vivarium: Muräne mit Putzergarnele

telsekunde, um seinen Happen am richtigen Ort, zur richtigen Zeit aufzuschnappen, ohne seine Entscheidung durch weitere Blicke überprüfen zu müssen. Das soll ihm mal einer nachmachen! Wenn wir beispielsweise einen Ball fangen wollen,

Unscheinbarer Fisch mit erstaunlichen Fähigkeiten

vergewissern wir uns mehrfach, wo er sich gerade befindet. Fußballer, zum Beispiel, wären Helden, könnten sie die Flugkurve eines Balles in der Geschwindigkeit und Präzision des Schützenfisches schon kurz nach dem Schuss des Gegners vorhersehen.

Ob der Wilhelm Tell der Fische jede Flugbahn aufs Neue berechnet oder ob er aufgrund seiner Erfahrung so schnell reagiert, ist Wissenschaftlern noch ein Rätsel. Aber eines steht fest: Der Schützenfisch steckt Fußballer nicht nur in die Tasche. Er spuckt auch viel schöner als sie.

Vivarium im Staatlichen Museum für Naturkunde Karlsruhe

Neben Schützenfischen sind im Vivarium im Staatlichen Museum für Naturkunde Karlsruhe von winzigen Korallenpolypen bis zur Grünen Baumpython zahlreiche Aquarien- und Terrarien-Bewohner zu bestaunen.

Öffnungszeiten
Dienstag bis Freitag 9.30 Uhr bis 17 Uhr, Samstag und Sonntag 10 Uhr bis 18 Uhr. Montags geschlossen.

Kontakt
Vivarium im Staatlichen Museum für Naturkunde
Erbprinzenstraße 13
76133 Karlsruhe
Telefon (07 21) 1 75-21 11

Internet: www.naturkundemuseum-karlsruhe.de

Albaquarium

Weitere Schützenfische sind unter anderem in der Stuttgarter Wilhelma oder im Albaquarium in Albstadt zu sehen.

Öffnungszeiten
Ganzjährig Montag bis Samstag 14 bis 17 Uhr, sonntags und an Feiertagen 10 bis 12 Uhr und 13 bis 17 Uhr.

Kontakt
Albaquarium
Im Hallenbad
Grüngrabenstraße 20
72458 Albstadt
Telefon (0 74 31) 49 30
Internet: www.albaquarium.de

Von grauen Giganten und weisen Riesen

»Hastin« nennt der Inder den Elefanten, was so viel heißt wie »das Tier, das eine Hand hat«. Wer wie ich einmal die Ehre hatte, sich von einem Elefanten berüsseln zu lassen, weiß warum: Seine »Fingerfertigkeit«, pardon, »Rüsselfertigkeit« ist beeindruckend. Mit seinem Universalorgan atmet der größte Landsäuger der Welt nicht nur zu 70 Prozent, er veranstaltet damit auch die erstaunlichsten Dinge: Er bespritzt sich mit Wasser, angelt nach Blättern, und wer kann schon von sich behaupten, mit seinem Riechorgan Lasten von bis zu zwei Tonnen (!) zu schleppen! Sein

Die Mädels haben schon gegen den VFB Stuttgart gespielt.

Rüssel, eine Art Fusion von Nase und Oberlippe, ist bärenstark, aber feinfühlig wie ein Kätzchen. Zärtlich streichelt er damit Artgenossen oder er spürt die versteckten Äpfel in meinen Taschen auf.

Ehrfürchtig streiche ich dem monströs vor mir aufragenden Dickhäuter über die raue, mit unzähligen warzenartigen Erhebungen gespickte Rüsselhaut. Die würdevolle, ja fast weise Ausstrahlung dieser archaischen Riesen zieht jeden unweigerlich in den Bann. Kein Wunder drängeln sich hier bei den vier asiatischen Elefantendamen Molly, Pama, Zella und Vilja in der Stuttgarter Wilhelma zu jeder Tageszeit die Besucher.

Ja, der Elefant ist ein Großer! Ein Tier der Superlative. Alles an ihm ist gewaltig: sein Appetit (er mampft etwa 110 Kilo pro Tag), sein Durst (täglich säuft er bis zu 150 Liter), sein Gedächtnis (ein Elefant vergisst nie) – und sein Interesse an Neuem: Frech nutzt Molly meine Faszination und Unaufmerksamkeit, und schnappt sich blitzschnell meine Aufzeichnungen, um sie sich ins Maul zu schieben. Pfleger Volker Scholl kann das gerade noch verhindern. Er und seine Kollegen Volker Kruschenski und Markus Koch kennen die Macken und Vorlieben ihrer intelligenten Mädels ganz genau. Jede hat ihren ganz eigenen Charakter.

»Den größten Humor hat Pama. Sie umschlingt mit ihrem Rüssel gerne

Tiersteckbrief

Name: Asiatischer Elefant, auch Indischer Elefant.

Wissenschaftlicher Name: Elephas maximus.

Ordnung: Rüsseltiere.

Art: Asiatischer Elefant.

Größe: Maximale Schulterhöhe 3 m, Kopf-Rumpf-Länge 6 m.

Heimisch in: Asien, Indien, Malaysia, Sri Lanka, Nepal, Bhutan, Bangladesh, China, Myanmar, Thailand, Laos, Kambodscha, Vietnam, Indonesien.

Lebensraum: Regen- und Trockenwälder, offenes Grasland.

Anzahl Junge: Eins. Selten Zwillinge.

Nahrung: Gräser, Blätter, Zweige, Baumrinde, Obst.

Tag-/Nachtaktiv: Elefanten sind tag- und dämmerungsaktiv, wobei sie auch nachts (bei zwei Stunden Tiefschlaf) genug Zeit haben, um aktiv zu sein.

Lebenserwartung: Etwa 50 bis 60 Jahre. Die angeblichen 86 Jahre eines Bullen aus Taipeh sind sehr umstritten. Nachgewiesen ist das Alter des Bullen Kyaw Thee Nr. 1342 aus Myanmar, der in Gefangenschaft geboren und 1965, mit 70 Jahren, gestorben ist.

Gefährdet: Durch Waldabholzung sehr stark bedroht. Bestand frei lebender Tiere vermutlich weniger als 30 000, Arbeitselefanten etwa 15 000 Tiere.

Das Tier, das eine »Hand« hat.

Elefanten lieben Wasser.

unsere Hände und führt sie zwischen ihre Vorderbeine, damit wir sie dort kitzeln. Dabei quietscht sie vor Vergnügen«, schmunzelt Volker Scholl.

Zu besonderen Anlässen, wie Geburtstagen, gibt es schon mal ein Stückchen Kuchen. Den lieben hier alle. Bis auf Pama. Auch wenn sie die Dickste und Verfressenste ist, mit Kuchen brauchen ihr die Pfleger nicht zu kommen. Sollten die doch mal die Unverschämtheit besitzen, schleudert sie ihnen das Gebäck umgehend vor die Füße. Vilja dagegen ist ganz versessen auf Süßes. Und auf Zootierarzt Dr. Wolfram Rietschel, »den Mann mit dem Äpfelchen«. Wenn er sie morgens begrüßt, schiebt die Elefantendame ihn gleich Richtung Apfelkiste, weil sie genau weiß, dass sie von ihm das Obst bekommt.

Immer bei ihren Elefanten: die Pfleger Volker Scholl und Volker Kruschenski

»Wie wir Menschen haben auch unsere Elefanten Sympathien und Antipathien«, erklärt der Pfleger. »Molly kann Besucher nicht leiden, die sie zu lange anstarren, die bespritzt sie mit Wasser. Mit Behinderten geht sie dagegen besonders behutsam und zärtlich um. Manchen Besuchern streift sie mit dem Rüssel schon mal ruppig übers Gesicht oder sie hält sie grob am Arm fest. Mit behinderten Gästen würde sie das aber nie machen.«

Volker Scholl und Volker Kruschenski pflegen, baden und füttern die Rüsseltiere, reiten täglich mit ihnen durch die Wilhelma und sorgen mit kleinen Kunststücken dafür, dass ihnen nicht langweilig wird. In Freiheit fressen sich die Dickhäuter stetig wandernd durch den Tag, weshalb sie im Zoo Beschäftigung brauchen. Trotz aller Verbundenheit und Nähe ist sich Volker Scholl aber sicher, dass seine Ladys ihre Bezugspersonen nicht als ihresgleichen, sondern als Menschen betrachten.

Ein Blick, der Würde und Weisheit ausdrückt.

»Unsere Elefanten wissen genau, dass wir zerbrechlicher sind als sie. Wenn sie mit uns herumalbern, schubsen sie uns gerne. Aber nie so stark, dass uns etwas passieren kann.«

Sprichwörtlich ist das sagenhafte Gedächtnis der grauen Giganten. Sie wissen genau, wer zu ihrer Herde gehört, und sie können auch nach Jahrzehnten noch zwischen Menschen unterscheiden, die ihnen wohlgesonnen waren oder nicht. Sie merken sich Wanderrouten, Wasser- und Futterplätze, und was sie einmal gelernt haben, vergessen sie nie wieder.

Wie Vilja: Ende der 60er-Jahre durften die Zoo-Besucher den Elefanten Geldmünzen zustecken, die diese dann bei den Pflegern gegen Äpfel eintauschten.

»Diese Attraktion wurde abgeschafft, und Vilja hat das seitdem nie wieder gemacht. Trotzdem hat sie mir das Geldstück, das sie neulich auf dem Gelände gefunden hat, gleich gebracht und gegen einen Apfel eingetauscht«, lächelt Volker Scholl. »Vor kurzem habe ich meinen Schlüssel verloren. Wir haben ihn den ganzen Tag erfolglos gesucht, abends hatte ich ihn abgeschrieben. Aber dann kam Vilja mit ihm klimpernd um die Ecke. Sie tauscht auch gerne mal unsere Rechen oder Schaufeln gegen Äpfel.«

Die cleveren Herdentiere sind zudem sehr sozial, zeigen Gefühle und Familiensinn. Sie trauern um verstorbene Familienmitglieder und erkennen angeblich sogar deren Knochen. Die ältere erfahrene Generation hilft den jungen Müttern bei der Geburt und kümmert sich um deren Nachwuchs. Und die Kühe gehen enge Freundschaften ein. Zella war für eine Weile auf Hochzeitsreise im Züricher Zoo und hat sich dort mit der Leitkuh Chhuckha angefreundet. Als Zella in ihre ursprüngliche Gruppe zurückkehrte, trauerten beide. Chhuckha ging nie mehr einen derart engen Kontakt zu einem anderen Elefanten ein.

Plötzlich ertönt ein heller, lang anhaltender Pfeifton. Vilja prustet Luft in ein kleines Loch in der Wand des Elefantenhauses.

»Sie hat Durst«, erklärt Volker Kruschenski. »Mit ihrem Pfeifen gibt sie uns zu verstehen, dass wir dort das Wasser aufdrehen sollen.« Sagt's und springt los, um Viljas Durst zu stillen. Bei all der liebevollen Fürsorge wundert es nicht, dass Vilja so alt werden konnte. Mit ihren 59 Lenzen ist sie die älteste Kuh in ganz Europa! Wetten, dass die anderen Mädels das auch schaffen? Rüssel drauf!

Die Stuttgarter Wilhelma

Private Führungen mit den Elefantenpflegern können Sie unter Telefon (07 11) 54 02-2 70 buchen. Die Badezeiten der Elefanten sind in den Monaten mit beständigem Wetter im Haus angezeigt. In der Regel baden die Elefantendamen anderthalb Stunden vor Schließung des Hauses. In den Monaten mit unbeständigem Wetter gibt es keine feste Badezeit. Die Pfleger müssen, den Tieren zuliebe, flexibel reagieren können.

Öffnungszeiten
Einlass in die Wilhelma zu allen Jahreszeiten täglich ab 8.15 Uhr bis – je nach Jahreszeit – zwischen 16 und 18 Uhr. Der Park muss mit Einbruch der Dunkelheit – spätestens um 20 Uhr – verlassen werden.

Kontakt
Die Wilhelma bietet allgemeine und themenbezogene Führungen. Anfragen und Voranmeldungen bei:

Wilhelma,
Zoologisch-botanischer Garten
Postfach 50 12 27
70342 Stuttgart
Telefon (07 11) 54 02-0
Internet: www.wilhelma.de

Rein gar nichts zu meckern

»Sie dürfen ihre Aufnahmen gerne direkt bei unseren Zicklein machen, aber sie sind sehr anhänglich«, warnt uns Stefanie Schott vom Nußlocher Ziegenkäsehof.

Noch stelle ich mir unter »anhänglich« ein sanftes Nicht-von-der-Seite-weichen vor, schließlich haben die niedlichen 130 Ziegenkinder erst vor wenigen Tagen das Licht der Welt erblickt. Sicher ist ihnen alles noch fremd und sie müssen sich erst zurechtfinden.

Aber kaum betreten mein Team und ich den Stall, bersten die Dämme! Wie entfesselte Teenies in unbändiger Freude über die Ankunft ihres Pop-Idols brechen die Zicklein mit zügelloser Begeisterung über uns herein. Eine Bande von etwa zehn Ziegenkindern stürmt auf mich zu, rammt mir mit Karacho ihre Vorderklauen in den Bauch und reißt mich mit ihrer unbändigen Liebe von den Füßen. Mit unzähmbarer Freude und

Aus dieser Rinne wird Milch geschlabbert.

Neugierde stecken die liebenswerten Tierchen ihre samtweichen Schnuten in Haar und Jackenärmel, inspizieren Taschen und Hosenbeine. Meinen Kameramann kann ich im Getümmel kaum noch ausmachen. Neben, hinter, über ihm: Ziegen, Ziegen, Ziegen! Nein, von schüchterner Zurückhaltung hält die Bunte Deutsche Edelziege nichts.

»Ich hatte Sie gewarnt«, grinst Stefanie Schott. »Unsere liebesbedürftigen Zicklein freuen sich riesig, wenn Besuch kommt. Dann wollen sie alles ganz genau untersuchen. Nicht umsonst kommt vom lateinischen Wort für Ziege, ›Capra‹, das Wort ›kapriziös‹.«

Wenn der eigenwillige Wiederkäuer nicht gerade ahnungslose Besucher von den Beinen rempelt, ist er ein nützliches und genügsames Nutztier. Da ein Hälmchen, dort ein Blättchen – früher wurde es als Kuh des kleinen Mannes oder Bergmannskuh bezeichnet, und neben dem Schaf gilt es als eines der ersten wirtschaftlich genutzten Herdentiere. Weltweit werden 600 Millionen Milch- und Fleischziegen gehalten. Im Vergleich zu anderen Ländern sind sie in Deutschland wirtschaftlich bedeutungslos, aber in unserem Sprachgebrauch hat sich der Wiederkäuer trotzdem breitgemacht: vom Ortsnamen wie Geisingen oder Geislingen, über Pflanzen wie Geißbart oder Geißblatt, bis hin zu den Pilzen Ziegenbart und Ziegenlippe oder dem

Tiersteckbrief

Name: Hausziege (Bunte Deutsche Edelziege).

Wissenschaftlicher Name: Capra hircus hircus.

Ordnung: Paarhufer.

Familie: Hornträger.

Art: Wildziege.

Unterart: Hausziege.

Größe: 70 bis 80 cm Geiß, bis zu 90 cm Bock (Widerristhöhe).

Heimisch in: Hauptverbreitungsgebiete in Deutschland sind Baden-Württemberg und Bayern.

Lebensraum: Von den Grenzen der Arktis bis hin zu trockenen Wüsten und feuchten Tropen.

Anzahl Junge: 1 bis 3 Zicklein.

Nahrung: Gras, Heu, Silage, Rüben, Getreide, Obst.

Tag-/Nachtaktiv: Tagaktiv.

Lebenserwartung: Etwa 20 Jahre.

Gefährdete Art: Nicht gefährdet.

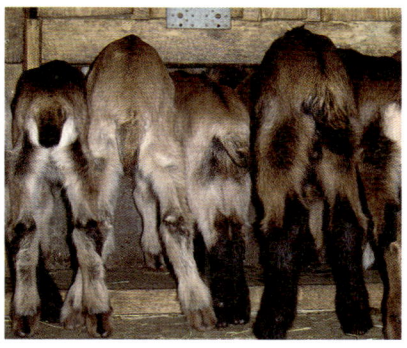

Hinter(n)ansicht:
die bunte deutsche Edelziege

Ziegen sind alles andere als blöd.

Ziegenmelker, einem Vogel. 130 Ziegenrassen gibt es, und die Bunte Deutsche Edelziege kann von sich sagen, eine Baden-Württembergerin zu sein. Außer in Bayern tummeln sich in Deutschland nirgends so viele der braunen Tiere mit dem schwarzen Aalstrich auf dem Rücken wie bei uns im Land. Dass man die intelligenten Tiere aber als »blöde Ziege« beschimpft, empfindet Stefanie Schott als Rufmord.

»Ziegen sind trickreich und haben ihren eigenen Kopf! Ein alter Bauer hat mir mal gesagt, ›es gibt nix, wo a Gois net reikommt, und es gibt nix, wo a Gois net nauskommt‹. Und das ist mir oft im Ge-

»Es gibt nix, wo a Gois net nauskommt.«

dächtnis, wenn sie wieder Wettspringen über die Zäune veranstalten. Sie haben bestimmt die vielen Schlösser an unseren Stalltüren bemerkt, die haben wir nicht wegen der Menschen angebracht. Ruckzuck bekommen die cleveren Ausbruchskünstler jede Tür auf, in jedem Zaun finden sie noch das kleinste Schlupfloch.«

Mit riesigen Eimern beladen biegt Ziegenbauer Joachim Kamann um die Ecke. Schlagartig lassen die Spielwütigen von uns ab und stürmen zur meterlangen Fressrinne. Kuhmilch gibt es, denn aus der wertvollen Ziegenmilch der Mütter soll schließlich leckerer Käse werden. In Reih und Glied strecken sie ihre Köpfchen in die warme Milch und schmatzen, was das Zeug hält. Während die gierigen Zicklein noch schlabbern, ist es für

Angriff auf Kameramann
Martin Abele

ihre Mamas höchste Zeit zum Melken. Etwa sechs Liter gibt eine Ziege pro Tag. Bis auch aus den frechen Zicklein große Milchziegen werden, muss sich Joachim Kamann aber noch vierzehn Monate gedulden.

»Haben Sie eine enge Bindung zu ihren Nutztieren?«, frage ich ihn, während er seinen Tieren das Melkgeschirr anlegt.

»Aber ja. Wenn ich in der Früh draußen über den Hof laufe, dann meckert die ganze Herde. Die Ziegen erkennen mich bereits am Schritt, läuft ein Fremder über den Hof, hört man keinen Mucks.«

Wohl mit ein Grund, dass Joachim Kamann und Stefanie Schott die Weisheit »Wenn du keine Sorgen hast, dann kauf dir eine Ziege« nicht teilen können. Auch wenn ihre Bande manchmal frech und anstrengend ist, über ihre Ziegen, so sagen sie, haben sie rein gar nichts zu meckern.

Der Nußlocher Ziegenkäsehof

Die extrem anhänglichen Bunten Deutschen Edelziegen können Sie bei Stefanie Schott und Joachim Kamann auf dem Nußlocher Ziegenkäsehof besuchen.

Kontakt
Nußlocher Ziegenkäsehof
Fischweiher 1
69226 Nußloch
Internet:
www.ziegenkaesehof-nussloch.de

Ratternde Mofas und knopfäugige Kobolde

In der Gartenlaube von Familie Schmidtke im Eichenbachtal bei Schorndorf geschehen geheimnisvolle Dinge: Es raschelt und rumort, grummelt und pfeift. Jede Nische, jedes Loch, ja selbst der alte Ofen scheinen einen heimlichen Untermieter zu haben. Jeder Winkel beherbergt eigentümliche Nester aus altem Zeitungspapier, Schafswolle und Laub. Dabei sind die Türen des Hüttchens stets verriegelt, die Fenster verschlossen.

Das mag vor Einbrechern schützen, aber nicht vor den kleinen Poltergeistern, die sich hier im Verborgenen tummeln. Die Winzlinge finden überall einen Durchschlupf, zur Not nagen sie sich einen. Mit ausgelegten Nüssen und Mehlwürmern hoffen wir, die mysteriösen Kerlchen aus ihren Verstecken zu locken. Wir warten. Bis ein aufgeregt zitterndes Mäuseschnäuzchen unsere Köstlichkeiten wittert und hinter einem Dachbalken hervorlugt: Der erste Siebenschläfer meines Lebens! Nur wenigen zeigt sich das scheue, nachtaktive Wildtier. Tagsüber versteckt es sich im Wald, auf Dachböden, in Scheunen oder in

Die Schlafmaus pennt sieben Monate lang.

Gartenhäuschen. Bewegungslos, fast starr, mustert es mich mit seinen unerhört großen, dunklen Glas-Knopfaugen. Sein puscheliger, zuckerwatteweicher Schwanz zuckt, seine Tasthaare beben, die runden Öhrchen spielen nervös, und ich frage mich, wem es nun ähnlicher sieht: einem zu heiß gebadeten Eichhörnchen oder einer zu groß geratenen Maus.

Als ich dem kleinen Kobold vorsichtig eine Nuss entgegenstrecke, flieht er entsetzt hinter den Balken, schimpft empört über meine Aufdringlichkeit und knattert und rattert dabei wie ein altes Mofa. Dass

Schwielen an den Füßen geben Haftkraft.

Tiersteckbrief

Name: Siebenschläfer.
Wissenschaftlicher Name: Glis glis.
Ordnung: Nagetiere.
Familie: Bilche.
Art: Siebenschläfer.
Größe: Kopf-Rumpf-Länge 13 bis 19 cm, Schwanzlänge 11 bis 15 cm (größtes Mitglied der Bilchfamilie).
Heimisch in: Gemäßigten, wärmeren Gebieten in Europa und Kleinasien.
Lebensraum: Eichen- und Buchenwälder, Gärten, Streuobstwiesen.
Anzahl Junge: Vier bis sechs.
Nahrung: Bucheckern, Eicheln, Nüsse, Kastanien, Samen, Knospen, Rinden, Früchte, Pilze, Schnecken, Insekten, Vogeleier, Nestlinge kleiner Vögel.
Tag-/Nachtaktiv: Nachtaktiv. Während der Aufzucht der Jungen auch tagaktiv.
Lebenserwartung: Fünf bis sieben Jahre, selten neun.
Gefährdete Art: Auf der Roten Liste gefährdeter Arten der Weltnaturschutzunion (IUCN).

ein so lautes, schnarrendes Geräusch aus einem so zierlichen Nagerkörper kommt, erscheint allen erst mal unbegreiflich. Mein Kameramann glaubt bis heute, wir hätten ihn mit einer versteckten Tonaufnahme auf den Arm genommen. Auch sonst ist der Bilch kein Leisetreter. Niemand weiß, wie viele ratlose Polizisten und Feuerwehrmänner der Störenfried zu nachtschlafener Zeit schon auf Dachböden getrieben hat.

In seinem Schlafquartier veranstaltet das federleichte Tierchen nachts einen Rummel wie ein ganzes Rudel Einbrecher. Wie, bleibt sein großes Geheimnis. Einmal im Jahr, meist im August, beglückt die Bilch-Sippe ihre geduldigen Gastgeber mit Nachwuchs. Das Weibchen baut dann zahlreiche Nester, damit sie ihre hilflosen Würmchen in einer Art Ver-

Kein Leisetreter: der Bilch

wirrspiel an stets wechselnden Orten vor Feinden in Sicherheit bringen kann. Herr Siebenschläfer hält nichts von Vaterpflichten. Während *sie* sich rührend um die Kleinen kümmert, stellt *er* anderen Weibchen nach. Nach sechs Wochen verlassen die

Der Garten der Schmidtkes: ein Nagerparadies

Jungbilche ihr Nest und demonstrieren zur Freude der Schmidtkes ihre ersten Kletter- und Flugübungen. Nach Eichhörnchenart springen sie mehrere Meter weit von Ast zu Ast oder laufen senkrecht Wände hoch – ein klebriges Sekret und dicke Schwielen an den Füßchen geben Haftkraft.

Man muss kein Siebenschläfer sein, um zu begreifen, was diesen wildromantischen Garten zum Nagerparadies und die verfressenen Kerlchen so zutraulich macht: die vielen Nüsse, Mehlwürmer und Obststückchen der tierlieben Familie Schmidtke! Über so viel Fürsorge reiben sich die acht verfressenen Dauergäste begeistert die kleinen dicken Bäuche. Sich im Herbst ordentlich Speck auf die Hüften fressen, ist wichtig, um

die nächsten sieben Monate zu überstehen. So lange pennt die kleine Schlafmaus, daher ihr Name. Kurz vor der Winterruhe ist sie dreimal so schwer wie im Sommer, da kann es schon mal passieren, dass das Einschlupfloch der Tagesschlafhöhle nicht mehr ausreicht und das Pummelchen beim Hineinschlüpfen stecken bleibt.

»In den Winterschlaf verabschieden sich unsere Siebenschläfer zu unterschiedlichen Zeiten«, erklärt uns Nabu-Mitglied Dieter Schmidtke. »Ist der Herbst kalt, sind sie im September verschwunden, ist er warm, turnen sie hier noch im November rum.«

Nicht jeder meint es mit der kleinen Schlafmütze so gut wie die Schmidtkes. Die alten Römer mästeten sie als Delikatesse in Tongefäßen,

Vor dem Winterschlaf heißt es fressen, fressen, fressen.

bereiteten sie mit gehacktem Schweinefleisch und Pinienkernen zu und rösteten sie im Ofen. Noch heute landet sie in Frankreich und Slowenien im Kochtopf.

»Das Wetter zum Siebenschläfertag sieben Wochen bleiben mag«, sagt der Volksmund! Mit dem kleinen Nager hat der Siebenschläfertag, der 27. Juni, aber nichts zu tun. Er geht auf eine katholische Heiligenlegende zurück. Die Schlafmaus erwacht aus ihrem Winterschlaf bereits im Mai.

Allgemeines

Mit ein bisschen Glück können Sie die Schlafmaus in ihrem Garten ansiedeln. Sie freut sich über Nistkästen als Sommerschlafquartier. Das Einschlupfloch muss mindestens Kohl-

meisengröße haben. Ihren Winterschlaf hält sie in Baumhöhlen, Holzstapeln oder auf Dachböden. Anleitungen zum Nistkastenbau und viele Infos über den Siebenschläfer finden sie im Internet:
www.glirarium.org/bilch

Zoos und Tierparks in Baden-Württemberg

Tierfreunde finden in diesem Kapitel ortsalphabetisch geordnet ausgewählte Adressen, Telefonnummern und Internet-Seiten der Zoos, Tierparks und Tiergehege im Land. Außerdem sind bei den größten Zoos alle Fütterungszeiten aufgeführt.

- **Albaquarium**
  Im Hallenbad
  Grüngrabenstraße 20, 72458 Albstadt
  Telefon (0 74 31) 49 30
  Internet: www.albaquarium.de
- **Wild- und Freizeitpark Allensbach**
  Gemeinmärk 7
  78476 Allensbach/Bodensee
  Telefon (0 75 33) 93 16 19
  Internet: www.wildundfreizeitpark.de
- **Wildgehege des Naturparks Schönbuch, Fohlensteige**
  72119 Ammerbuch
  Telefon (0 70 71) 60 22 62
  Internet: www.naturpark-schoenbuch.de
- **Wildgehege am Merkur**
  76530 Baden-Baden
  Internet: www.baden-baden.de
- **Wildpark Bad Mergentheim**
  An der B 290, 97968 Bad Mergentheim
  Telefon (0 97 31) 4 13 44
  Internet: www.wildtierpark.de
  Fütterungszeiten:
  Der Park bietet neben Haustiervorführungen auch kompetent geleitete Fütterungsrunden (»Mit den Pflegern unterwegs«): im Sommer 9.45 Uhr und 13.30 Uhr, im Winter 10.40 Uhr und 13.30 Uhr.

Das 26-köpfige Timberwolfsrudel wird ebenfalls auf der Fütterungsrunde vorgestellt.
- **Alpakahof Bad Wurzach**
  Haid 3, 88410 Bad Wurzach
  Telefon (0 75 64) 34 90
  Internet: www.alpakahof.de
- **Tierpark Plettenberghof**
  Plettenbergstraße 10
  72336 Balingen-Roßwangen
  Telefon (0 74 33) 3 46 47
- **Burgfalknerei Hohenbeilstein**
  Burg Langhans, 71717 Beilstein
  Telefon (0 70 62) 52 12
  Internet:
  www.burgfalknerei-hohenbeilstein.de
- **Waldtierpark Bretten**
  Salzhofen 9, 75015 Bretten
  Telefon (0 72 52) 72 56
  Internet: www.tierpark-bretten.de
- **Wildparadies Tripsdrill**
  74389 Cleebronn
  Telefon (0 71 35) 99 99
  Internet: www.tripsdrill.de
- **Vogelpark Crailsheim**
  Auf dem Kregelberg, 74564 Crailsheim
  Telefon (0 79 51) 2 35 97
  Internet: www.crailsheim.de
- **Wildgehege Schloss Duttenstein**
  Schloss Duttenstein, 89561 Dischingen
- **Vogel- und Tierpark Leopoldshafen**
  Mannheimer Straße 8
  76344 Eggenstein-Leopoldshafen
  Telefon (0 72 47) 2 10 14
  Internet: www.leopoldshafen.de

- **Rotwildgehege Enzklösterle**
  Hirschtalstraße, 75337 Enzklösterle
- **Tierpark Nymphaea**
  Nymphaeaweg 12, 73730 Esslingen a. N.
  Telefon (07 11) 31 43 90
  Internet: www.tierpark-nymphaea.de
- **Tier- und Vogelpark Forst**
  Kronauer Allee, 76694 Forst
  Telefon (0 72 51) 1 65 72
  Internet: www.forst-baden.de
- **Tiergehege und
  Naturerlebnispark Mundenhof**
  Mundenhof 37, 79111 Freiburg i. Br.
  Telefon (07 61) 2 01-65 80
  Internet: www.mundenhof.freiburg.de
- **Zoo der Rauch Möbelwerke**
  Wendelin-Rauch-Straße
  97896 Freudenberg
  Telefon (0 93 75) 81-0
- **Der kleine Tierpark Göppingen**
  Schickhardtstraße 25, 73033 Göppingen
  Telefon (0 71 61) 2 57 60
  Internet: www.tierpark-goeppingen.de
- **Haupt- und Landgestüt Marbach**
  72532 Gomadingen-Marbach
  Telefon (0 73 85) 9 69 50
  Internet: www.gestuet-marbach.de
- **Gehege Hotel »Waldlust«**
  In der Würze 18, 79837 Häusern
  Telefon (0 76 72) 5 02

Chamäleon im Naturkundemuseum
Karlsruhe

- **Deutsche Greifenwarte
  Burg Guttenberg**
  Burg Guttenberg
  74855 Haßmersheim-Neckarmühlbach
  Telefon (0 70 63) 95 06 50
  Internet: www.greifenwarte.de
- **Zoo Heidelberg**
  Tiergartenstraße 3, 69120 Heidelberg
  Telefon (0 62 21) 64 55-0
  Internet: www.zoo-heidelberg.de
  Fütterungszeiten:
  Stachelschweine/Waschbären: 15.45 Uhr.
  Robben: 11 und 16 Uhr (außer freitags).
  Raubtiere: 16.30 Uhr (außer samstags).
  Pelikane: 15 Uhr (nicht im Winter).
  Menschenaffen: Mehrmals täglich.
- **Wildpark Eichert**
  89518 Heidenheim
  (0 73 21) 3 27-2 56
- **Schwaben Park**
  Hofwiesen 11, 73667 Kaisersbach
  Telefon (0 71 82) 93 61 00
  Internet: www.schwabenpark.de
- **Vivarium im Staatlichen Museum
  für Naturkunde**
  Erbprinzenstraße 13,
  76133 Karlsruhe
  Telefon (07 21) 1 75-21 11
  Internet:
  www.naturkundemuseum-karlsruhe.de
- **Zoo Karlsruhe (mit Tierpark Oberwald)**
  Ettlinger Straße 6,
  76137 Karlsruhe
  Telefon (07 21) 1 33 68 15
  (Kassenauskünfte)
  Telefon (07 21) 1 33 68 01 (Führungen)
  Internet: www.karlsruhe.de/zoo
- **Sea Life Konstanz**
  Hafenstraße 9, 78462 Konstanz
  Telefon (0 75 31) 12 82 70
  Internet: www.sealifeeurope.com
- **Terrarium und Aquarium der
  Universität Konstanz**
  Universitätsstraße 10, 78464 Konstanz
  Telefon (0 75 31) 88-0
  Internet: www.uni-konstanz.de

- **Tierpark im Stadtpark Lahr**
  Am Stadtpark 2, 77933 Lahr/Schwarzwald
  Telefon (0 78 21) 9 10-06 20
  Internet: www.lahr.de
- **Schwarzwaldpark Löffingen**
  79843 Löffingen
  Telefon (0 76 54) 80 85 60
  Internet:
  www.schwarzwaldpark-loeffingen.de
- **Tiergehege Rosenfels-Park**
  79539 Lörrach
  Telefon (0 76 21) 4 15-6 24
  Internet: www.loerrach.de
- **Blühendes Barock**
  Mömpelgardstraße 28
  71634 Ludwigsburg
  Telefon (0 71 41) 97 56 50
  Internet: www.blueba.de
- **Schmetterlingshaus auf der Blumeninsel Mainau**
  78465 Insel Mainau
  Telefon (0 75 31) 30 30
  Internet: www.mainau.de
- **Letzenberg-Tierpark**
  Grassweg 1, 69254 Malsch (bei Wiesloch)
  Telefon (0 72 53) 2 57 78
- **Tierpark Malsch**
  Am Sportplatz 5, 76316 Malsch
  Telefon (0 72 46) 10 87
- **Luisenpark Mannheim**
  Gartenschauweg 12, 68165 Mannheim
  Telefon (06 21) 41 00 5-0
  Internet: www.stadtpark-mannheim.de
- **Wildgehege Meßstetten**
  72469 Meßstetten
  Telefon (0 74 31) 63 49-0
  Internet:
  www.wildgehege-messstetten.de
- **Wildgehege Muggensturm**
  Malschenberger Straße
  76461 Muggensturm
  Telefon (0 72 22) 50 09 52
- **Wildpark Neuweiler-Gaugenwald**
  Wildparkstraße 1
  75389 Neuweiler-Gaugenwald
  Telefon (0 70 55) 93 06 25

- **Steinwasen Park**
  Steinwasen 1, 79254 Oberried
  Telefon (0 76 02) 94 46 80
  Internet: www.steinwasen-park.de
- **Tiergehege im Hofgarten**
  74613 Öhringen
  Telefon (0 79 41) 91 19 10
  Internet: www.oehringen.de
- **Wildpark Pforzheim**
  Schoferweg 106, 75175 Pforzheim
  Telefon (0 72 31) 39 33 28
  Internet: www.stadt-pforzheim.de
- **Wildgehege in Pforzheim-Büchenbronn**
  Hermannseeweg
  75180 Pforzheim-Büchenbronn
  Telefon (0 72 31) 39 11 53
  Internet: www.stadt-pforzheim.de
- **Erlebnistierpark Jägerhof**
  Messkircher Straße 30
  88630 Pfullendorf-Gaisweiler
  Telefon (0 75 52) 93 59 07
  Internet: www.tierpark-jaegerhof.de
- **Exotarium Reutlingen**
  Friedrich-Ebert-Straße 6a
  72760 Reutlingen
  Telefon (0 71 21) 57 97 03
  Internet: www.exotarium-rt.de
- **Affenberg Salem**
  88682 Salem
  Telefon (0 75 53) 3 81
  Internet: www.affenberg-salem.com
- **Erlebnisbauernhof Schmid**
  Hainbachstraße 40
  78713 Schramberg-Waldmössingen
  Telefon (0 74 02) 9 11 24
  Internet: www.erlebnis-bauernhof.de
- **Leintalzoo**
  Freudenmühle 1, 74193 Schwaigern
  Telefon (0 71 38) 52 25
  Internet: www.tierpark-schwaigern.de
- **Wildpark Schwarzach**
  Wildparkstraße
  74869 Schwarzach
  Telefon (0 62 62) 17 34
  Internet: www.schwarzach-online.de

- **Vogeltierpark Goldbachsee**
  Königsberger Straße, 71067 Sindelfingen
  Telefon (01 75) 2 60 94 69
  Internet: www.stuttgart-tourist.de
- **Vogel- und Tierpark »Schönblick«**
  Hirschbornstraße 19
  74889 Sinsheim-Eschelbach
  Telefon (0 72 65) 87 63
- **Vogelpark Steinen**
  79585 Steinen-Hofen
  Telefon (0 76 27) 74 20
  Internet: www.vogelpark-steinen.de
- **Pfauengarten**
  Berlisstraße 42, 73495 Stödtlen-Gaxhardt
  Telefon (0 79 64) 5-81
  Internet: www.pfauengarten.de
- **Höhenpark Killesberg**
  Stresemannstraße, 70192 Stuttgart
  Telefon (07 11) 21 6-71 60
  Internet: www.killesberg-stuttgart.de
- **Wilhelma Stuttgart**
  Neckartalstraße
  70342 Stuttgart-Bad Cannstatt
  Telefon (07 11) 54 02-0
  Internet: www.wilhelma.de
  Fütterungszeiten:
  Seelöwen: 11 Uhr und 15 Uhr
  (außer donnerstags).
  Brillenpinguine: 14.30 Uhr.
  Krokodile: 14 Uhr (aber nur montags).
  Großkatzen: 11.30 Uhr
  (außer montags und freitags).
  Menschenaffenbabys: 11.30 Uhr.
- **Aquarium
  im Botanischen Garten der
  Universität Tübingen**
  Hartmeyerstraße 123, 72076 Tübingen
  Telefon (0 70 71) 2 97 88 22
  Internet:
  www.botgarden.uni-tuebingen.de
- **Haustierhof Reutemühle**
  Reuteweg 71
  88662 Überlingen-Bambergen
  Telefon (0 75 51) 6 46 49
  Internet:
  www.haustierhof-reutemuehle.de

Gorillababy Mary Zwo in der
Stuttgarter Wilhelma

- **Tiergarten Aquarium Friedrichsau**
  Friedrichsau 40, 89073 Ulm
  Telefon (07 31) 16 1-67 42
  Internet: www.tiergarten.ulm.de
- **Schwarzwaldzoo Waldkirch**
  Am Buchebühl 8a, 79183 Waldkirch
  Telefon (0 76 81) 89 61
  Internet: www.stadt-waldkirch.de
- **Wildpark Waldshut-Tiengen**
  Panoramaweg 3, 79761
  Waldshut-Tiengen
  Telefon (0 77 51) 34 31
  Internet: www.waldshut-tiengen.de
- **Tierpark Walldorf**
  Schwetzinger Straße 99, 69190 Walldorf
  Telefon (0 62 27) 6 23 79
  Internet: www.tierpark-walldorf.com
- **Wildgehege Zell im Wiesental**
  Schwarznauring
  79669 Zell im Wiesental
  Telefon (0 76 25) 92 40 92
  Internet:
  www.schwarzwald-tourist-info.de
- **Felshang-Vogelpark**
  Rechgasse
  74939 Zuzenhausen
  Telefon (0 62 05) 3 44 22

Weitere Informationen im Internet unter
www.zoo-infos.org

Bildnachweis

Alexander Kluge, SWR: Titelbild, vorderer Vorsatz, 7, 8, 10, 11 oben rechts, 12, 20 oben, 22, 23, 24, 32, 34, 35, 42, 44, 57, 58, 60, 61, 78, 79, 81, 88, 90, 91, 92, 103 unten, 122 oben, 124, 125 oben links, hinterer Vorsatz

Rose v. Selasinsky (www.selafotos.de): 2, 28, 37 oben, 38, 40 oben rechts, 51, 62, 65, 66, 68, 70, 71 oben rechts, 94, 96, 97, 103 oben, 114, 115, 133 unten, 134, 139

SWR: 20 unten, 21, 25, 26 oben, 29, 49, 55, 71 oben links, 86 links, 95, 99, 101, 108 oben, 109, 117, 125 oben rechts, 132, 137

Wilhelma Stuttgart (www.wilhelma.de): Titelfoto unten rechts, 16, 17, 18, 45, 46, 80, 141

Dieter Schmidtke, Schorndorf: 26 unten, 29 oben links, 30, 133 oben 135, 136

Thomas Herzog (E-Mail: tobi.herzog@t-online.de, www.bild-erzaehler.de): 64, 104 unten, 118, 120 oben

Leonie Römer: 128, 129, 130, 131

York v. Selasinsky (www.selafotos.de): 37 unten, 40 oben links, 52 oben, 56

Winfried Elpelt: 104 oben, 106, 107

Volker Griener (www.naturkundemuseum-karlsruhe.de): 108 unten, 111, 112

Harald Grunwald/Wildpark Bad Mergentheim (www.wildtierpark.de): 52, 53, 54

Roland Hilgartner/Affenberg Salem (www.affenberg-salem.de): 47, 48, 50

Ralph O. Schill (Universität Stuttgart-Vaihingen, Biologisches Institut, Abt. Zoologie, Telefon 07 11/6 85-6 91 43, E-Mail: ralph.schill@bio.uni-stuttgart.de): 83 oben, 84, 86 oben rechts

Peter Ehinger: 98, 100 oben

Kurt Hirschel: 83 unten, 87

Siegfried Hollmann: 113, 116

Klaus Meyer: 74, 100 unten

Frank Pätzold (E-Mail: paetzoldfrank@web.de): 73, 76

Peter Brosig: 11 oben links

Jürgen Haas, SWR: 14

Klaus Hennig-Damasko: 126

Hannes Kirchhauser (www.naturkundemuseum-karlsruhe.de): 120 unten

Andreas Kirschner (www.naturkundemuseum-karlsruhe.de): 110

Markus Koch: 122 unten

Ein riesengroßes Dankeschön

... an alle, die mich auch beim zweiten Buch so herzlich unterstützt haben!

Allen voran danke ich meinen »Bilderbienchen«, den fabelhaften Fotografen Rose und York von Selasinsky! Für Euren unermüdlichen Einsatz, für wunderbare Ameisenlöwen, Schmetterlinge, Siebenschläfer und, und, und ... DANKE!

Danke Dörte Heidemann und Michael Friedrich für Euren ungebrochenen Leseeifer!

Danke all den großartigen Fotografen (siehe Bildnachweis), ohne deren wunderschöne Bilder auch dieses Buch nicht möglich gewesen wäre. Vorneweg Alexander Kluge für das tolle Titelbild und die vielen Zwei- und Vierbeiner, die Du für mich vor die Linse geholt hast. Danke Thomas Herzog für das sagenhafte Schützenfischbild! Danke Kurt Hirschel, Hannes Kirchhauser, Dieter Schmidtke, Volker Griener, Frank Pätzold, Klaus Meyer, Leonie Römer, Dr. Ralph O. Schill, Markus Koch und Peter Ehinger.

Danke für die freundliche Unterstützung an die Stuttgarter Wilhelma, den Heidelberger Zoo, das Vivarium des Naturkundemuseums Karlsruhe, den Affenberg Salem, den Karlsruher Zoo, den Schwaben Park, den kleinen Tierpark in Göppingen, das Wildparadies Tripsdrill, den Wildpark Bad Mergentheim, das Sea Life in Konstanz und den Naturschutzbund Stuttgart. Ich danke allen Kuratoren, Pflegern und Tierexperten, die mir jederzeit freundlich und kompetent Rede und Antwort gestanden sind. Danke an Inge Landwehr und den Silberburg-Verlag für die herzliche Zusammenarbeit. An dieser Stelle möchte ich die Gelegenheit nutzen und all denen danken, die jede Woche mit ihrer Arbeit »Tatjanas Tiergeschichten« im Fernsehen ermöglichen: allen SWR-Kameramännern/-frauen, Cutter/-innen und Tonkolleg/-innen. Vor allem meinen »Tierkameramännern«, die jedes Mal aufs Neue einen klasse Job machen. Und nicht zuletzt: Danke an Hans-Peter Archner, der »Tatjanas Tiergeschichten« überhaupt ins Leben gerufen hat.

Tatjana Geßler